ÉTUDES
D'HISTOIRE NATURELLE,

OU

ESSAI SUR L'INSTINCT DES PLANTES
ET DES ANIMAUX,

Ouvrage divisé en cinq parties, traitant, savoir :

De l'instinct des plantes, 1re partie; — *De l'instinct des poissons, des reptiles et des insectes*, 2me partie; — *De l'instinct des oiseaux*, 3me partie; — *De l'instinct des quadrupèdes*, 4me partie — *Un mot sur l'homme*, 5me partie.

Par Alexandre SIRAND,

JUGE AU TRIBUNAL CIVIL DE BOURG (AIN), MEMBRE DE PLUSIEURS SOCIÉTÉS SAVANTES.

TROISIÈME PARTIE.

DE L'INSTINCT DES OISEAUX.

BOURG-EN-BRESSE,
IMPRIMERIE DE MILLIET-BOTTIER.
1852.

ÉTUDES

D'HISTOIRE NATURELLE.

ÉTUDES

D'HISTOIRE NATURELLE,

OU

ESSAI SUR L'INSTINCT DES PLANTES ET DES ANIMAUX,

Ouvrage divisé en cinq parties, traitant, savoir :

De l'instinct des plantes, 1re partie ; — *De l'instinct des poissons, des reptiles et des insectes*, 2me partie ; — *De l'instinct des oiseaux*, 3me partie ; — *De l'instinct des quadrupèdes*, 4me partie ; — *Un mot sur l'homme*, 5me partie.

Par Alexandre SIRAND,

JUGE AU TRIBUNAL CIVIL DE BOURG (AIN), MEMBRE DE PLUSIEURS SOCIÉTÉS SAVANTES.

TROISIÈME PARTIE.

DE L'INSTINCT DES OISEAUX.

BOURG-EN-BRESSE,
IMPRIMERIE DE MILLIET-BOTTIER.
1852.

TROISIÈME PARTIE.

INSTINCT DES OISEAUX.

I. — APERÇU GÉNÉRAL SUR L'INSTINCT DES OISEAUX.

Cette partie de la création, bien plus perfectionnée que celles que nous avons traitées, commence à monter l'échelle des êtres d'une manière sensible. Participant de la nature des mammifères par le cerveau, les oiseaux ont un instinct développé; quelques espèces même nous montrent une véritable intelligence. Je ne parlerai pas de ces oiseaux savants à qui la patience de l'homme a inculqué certaines habitudes de dextérité à l'aide desquelles on éblouit le vulgaire : l'un tire un canon, l'autre fait le mort, etc..... Ces tours de force procèdent de l'éducation passagère, et n'appartiennent pas à la nature de l'oiseau.

Nous avons bien vu le lièvre timide arriver à tirer un coup de pistolet sans effroi! Là n'est pas l'intelligence; c'est un effet de l'habitude.

La pie nous offre un premier degré de perfection, elle se façonne d'elle-même à notre contact, vit au besoin avec nous. Le corbeau acquiert les mêmes habitudes et se développe beaucoup dans notre société; mais l'oiseau par excellence est cet agami, si remarquable, si intelligent pour tout, que dans le logis qu'il habite il connait son monde, fait la police avec soin, le tout comme le meilleur chien. Le beau portrait qu'en a tracé Buffon, nous le montre aussi intelligent, aussi reconnaissant que le chien le plus fidèle.

Je ne passerai pas sous silence cet autre oiseau, le *solitaire*, de l'île Rodrigue, aux mœurs si extraordinaires, cité par Léguat (1).

Que sont, à côté de ces généreux instincts naturels, ces merles siffleurs, ces serins étourdissants, écorchant plus ou moins certains airs si monotones? Que sont surtout ces perroquets criards ou loquaces, effroi des malades dans les cités, et désespoir des gens bien portants, qui redisent sans cesse, et toujours de même, un air tronqué, ou un jargon plus ou moins imité de la parole humaine?

Buffon a cru devoir placer les oiseaux avant les quadrupèdes, mais après lui cet ordre n'a pas été suivi.

— Plusieurs espèces semblent avoir

(1) Voir *Voyage de Léguat*, gentilhomme bressan, cité par Buffon.

conservé un naturel farouche et sauvage. Je crois devoir ranger de ce nombre les oiseaux qui abandonnent leur nid au moindre dérangement, ou leurs œufs au moindre attouchement. A quoi peuvent donc le reconnaître ces singuliers habitants de l'air? La fauvette d'hiver, la tourterelle sont de ce genre : quand cette dernière a fait deux œufs, si on en prend un elle abandonne l'autre; elle a donc l'instinct d'observation prononcé. La pie est de même; elle est plus susceptible encore, car si on l'observe faire son nid elle s'en alarme et en recommence un autre ailleurs : un homme de la campagne m'a affirmé en avoir vu faire jusqu'à trois.

Les oiseaux plus spécialement habitués au voisinage de l'homme : le canard, la poule, le pigeon même, ne s'inquiètent pas de ces dérangements; leur but, poursuivi avec persévérance, est de croître et multiplier. Ces oiseaux sont plus civilisés et s'éloignent davantage de la nature, et si ceux que j'ai cités plus haut sont plus ombrageux, c'est donc parce qu'ils en sont restés plus près.

Migration. — Rien ne mérite plus, ce me semble, de fixer l'attention du philosophe que ces grandes migrations d'oiseaux, s'opérant toujours à des époques déterminées que ces grands voyageurs savent pressentir comme le ferait l'homme le plus attentif aidé d'un almanach. C'est que la nature a mis en eux cet instinct particulier ; ce déplacement est un besoin pour eux ; nous le voyons par nos prisonniers volatiles : quand l'équinoxe du printemps ou celui d'automne arrive, ils s'agitent dans leurs cages, la nuit surtout, qui est pour le plus grand nombre une heure propice, soit parce qu'alors l'air est plus calme, soit parce que l'oiseau de proie sommeille dans son aire !

Alors nous voyons l'espace sillonné par les bandes nombreuses d'oiseaux de toutes sortes, les cigognes, les grues, les oies sauvages, qui forment des bandes immenses ; les canards sauvages, les sarcelles, arrivent aussi en triangles réguliers, observant avec soin leurs rangs, et fendant ainsi l'air plus facilement ; puis ces oiseaux vont habiter d'autres rivages, charmer et nourrir leurs habitants, en donnant de la vie à des lieux souvent solitaires. Les déserts de la Mongolie retentissent aussi du bruit de leur passage, et les eaux, les lacs immenses de ce pays sont peuplés, quand vient la fin de décembre, de nuées d'oiseaux aquatiques dont les cris, mêlés et combinés, forment des concerts d'harmonie qui parlent à l'imagination, égaient le pélerin et les caravanes en donnant la vie et le mouvement à ces contrées désertes (1).

Instinct. — Souvent, dans leurs voyages, ces pauvres oiseaux subissent de terribles

(1) *Ann. de la Prop. de la Foi*, t. XIX, p. 277.

avaries ou tombent dans les filets de l'homme. Mais telle est leur destination, il faut bien le reconnaître, et Dieu les fit pour nous. Ainsi, la foudre et les orages les déciment; la faim et la lassitude en font périr un grand nombre, engloutis par les flots. Le 2 avril 1847, à 4 heures 25 minutes du soir, par un vent de sud très-violent, un fort coup de tonnerre se fit entendre, et, quelques secondes après, huit cigognes blanches, atteintes par le fluide électrique, tombaient aux pieds d'un jeune homme; quelques-uns de ces oiseaux avaient les plumes brûlées, d'autres ne paraissaient qu'asphyxiés; une trentaine de cigognes, tuées de la même manière et au même moment, tombaient sur la campagne de *Taulignon* (Drôme) (1).

Ces mêmes cigognes s'arrêtent fréquemment en route et se livrent à des *passes de bec*, qui amusent les témoins de ces jeux

(1) *Patrie* du 12 avril 1847.

innocents : le 2 août 1849, entre 8 et 9 heures du matin, une grosse volée de cigognes est restée suspendue sur les toits de Vesoul; elles voletaient en tournoyant en face du soleil; après ces évolutions gracieuses et pacifiques on les vit se diviser en deux camps, combattre et faire la petite guerre, puis, après mille coups de becs inoffensifs, disparaître et suivre leur destination. Où allaient-elles? Nous ne le savons pas toujours.

— Le roi-de-caille, oiseau de passage, mais peu nombreux, est bien faible des ailes et ne semble pas devoir porter loin ses pénates. La caille, faible aussi, il est vrai, entreprend cependant de longs voyages, mais il en meurt beaucoup en route si le vent est contraire. Ces oiseaux voyageurs suivent le cours des fleuves ou des grandes rivières, certains d'arriver ainsi à la mer, où viennent aboutir ces grandes artères du globe. C'est la nuit que partent les cailles, et les temps d'orage sont ceux où il s'en montre le plus, dit-on ; mais apparemment que les orages ne déterminent pas leur passage ; il est plus naturel de penser que, pérégrinant à l'époque des équinoxes, toujours signalés par des changements de temps ou par des bouleversements atmosphériques, ces pauvres oiseaux se trouvent enveloppés dans leurs vastes replis et périssent en grand nombre. En effet, en 1847 les habitants des quais de Mâcon, dont les fenêtres étaient ouvertes, virent leurs appartements s'emplir de cailles traquées par un orage, et cherchant là un refuge passager. On le voit, elles suivaient la Saône en se dirigeant vers le Rhône pour arriver de là à la mer. Que de fois les marins en ont fait provision sur leurs vaisseaux, où elles se posaient accablées de lassitude !

D'autres oiseaux plus petits, le linot, le rossignol, l'ortolan, le bec-figue, émigrent aussi à leur tour. Il semble que la gent emplumée, par ses évolutions sur la terre, soit destinée à un mouvement perpétuel, car nous en voyons bien peu de sédentaires, et, si ce n'étaient nos oiseaux domestiques, il y a des époques de l'année où nous n'entendrions pas un oiseau autour de nous. Ainsi l'ordonne le grand Maitre de l'univers; partout le mouvement et la vie succèdent au calme de la mort. Tout meurt, mais tout renait; tout s'agite, le quadrupède lui-même a ses migrations. L'homme de la civilisation reste seul attaché au sol qui l'a vu naitre; le sauvage y tient également, mais plus rapprochées de la nature, les tribus de l'Amérique septentrionale et méridionale transportent leurs demeures dans certains cantons déterminés, conservant ainsi des habitudes qui distinguent l'être encore primitif. D'autres pays ont aussi leurs tribus nomades attestant les mêmes tendances, et changeant de localités, toutefois sans s'éloigner beaucoup du sol natal.

Instinct. — *Ruses.* — L'oiseau périt

souvent dans nos pièges ; il finirait par les éviter s'il les éprouvait sans être pris. Les chasseurs au tombereau savent quelle adresse il leur faut pour tromper la prudence de certains oiseaux. Quand l'alouette donne au miroir, on croit vulgairement que c'est pour se mirer, et, partant de là, on en a fait un emblème de la coquetterie, mais il n'en est rien. Cet oiseau éprouve une sorte de fascination qui l'attire ; il croit voir le tiercelet vorace s'agiter ; c'est moins un miroir reflétant une image, qu'un corps brillant qui la trouble. En effet, les chasseurs au miroir sont persuadés que c'est le tiercelet que les alouettes croient voir remuer ; les glaces de miroir n'y sont pour rien, car un bois simplement brun et ciré fascine également l'alouette.

— La caille, au lieu d'aller se blottir dans des herbes ou des buissons inaccessibles, se laisse prendre par le tiercelet ; elle s'enfonce la tête en terre et se croit bien cachée, mais l'oiseau la saisit et l'entraine. Elle a pour elle la couleur de son plumage qui se confond avec le chaume, mais elle a contre elle sa stupidité et l'appréhension naturelle de l'oiseau de proie, qui l'empêchent de fuir (1).

— Une remarque digne d'être renouvelée a révélé que le tiercelet est presque toujours accompagné d'un petit oiseau qui semble le déceler et l'empêcher ainsi d'être aussi nuisible. Est-ce aversion du petit oiseau pour le gros larron, ou bien est-ce pour lui une nécessité de suivre l'oiseau de proie? Est-ce une sorte de parasite destiné à vivre de ses débris? Ce fait mérite d'être éclairci. Nous savons déjà que le parasitisme envahit la nature entière; nous le retrouvons partout, et les

(1) J'ai vu plusieurs fois le tiercelet être suivi par un petit oiseau qui, sans bruit, paraissait veiller à ses mouvements. Que faisait-là cet autre *Pilote*? Ce n'était pas comme le rémora, pour trouver sa vie autour d'un requin des airs! Ce fait singulier mérite d'être étudié; je commence par le constater.

parasites eux-mêmes sont quelquefois détruits par d'autres êtres qui vivent aussi sur eux (1).

— Pour fuir l'homme ou ses autres ennemis naturels, chaque oiseau a ses ruses particulières : la caille rase la terre, si elle est aperçue elle se cache la tête dans le chaume et ne bouge pas, sans le chien de chasse on ne l'apercevrait plus; la perdrix mère fait la blessée pour détourner le chien de sa couvée; la bécassine a ses zigzags anguleux; la bécasse levée dans un bois *se masque* aussitôt; la poule d'eau se cache et ne sort que le bec de l'eau; la morelle grasse s'enfonce sous l'onde des étangs, s'accroche aux herbes et y meurt ainsi quand elle croit le danger assez durable pour éviter de venir respirer; le canard, dit *saonard,* plongeotte sans cesse;

(1) Un ver ronge l'*agaric* du prunier. A certaine chenille succède un champignon. Ceci, pour moi, est le fait le plus curieux constaté de nos jours.

l'halbran surpris ne sort de l'eau que le bout du bec; les oiseaux aquatiques, tels que les canards, les sarcelles, à défaut de ces ressources, ont un œil perçant et une prudence invincible; on ne les approche qu'à la distance *voulue* par eux; les râles d'eau et de genêts ne se lèvent plus dès qu'ils entendent du bruit; les meilleurs chiens les débusquent à peine dans ces derniers cas; tandis que surpris en silence par le chien, dès l'abord, le dernier part croyant n'avoir affaire qu'à lui; s'il voit ou entend le chasseur on ne le relève plus.....

Le plongeon se glisse entre deux eaux et va ressortir à distance. Le mâle monte la garde à cent pas pendant l'incubation, son cri part s'il voit du danger; aussitôt la femelle se glisse du nid, construit sur l'eau, mais auparavant elle a tiré des herbes sur les œufs, et l'œil le plus exercé ne découvre rien.

La mésange penduline dissimule son

nid en lichen, autour d'un chêne étêté, et là, sous le renflement du sommet, elle a contourné son édifice qu'on ne soupçonnerait pas à première vue, puis avant de le quitter elle a le soin de masquer son ouverture, étroite déjà, par deux ou trois plumes grisâtres.

Le pinson arrondit admirablement le sien, posé sur la bifurcation d'une grosse branche, afin que, le lichen qui le compose se confondant avec la teinte sombre du bois de l'arbre, on ait de la peine à le découvrir.

Beaucoup d'oiseaux, les grives, les geais, les pies, bâtissent leur demeure au sommet des arbres; l'œil de l'homme les voit lorsqu'ils se fabriquent, parce que les arbres ne sont pas feuillus encore; plus tard on ne les aperçoit qu'en les cherchant avec soin.

Il faut à l'hirondelle, au moineau,

l'abri de nos maisons. Avec quels soins ils savent profiter des moindres intervalles !

Citerai-je encore le nid du martin-pêcheur, caché à un pied et demi sous terre et sur le bord des eaux. Il est difficile à trouver, et rien n'est aussi curieux : il est fait avec un mastic d'écailles de poisson, et rendu imperméable à l'humidité par ce singulier maçon au bec affilé, à la queue courte.

La fauvette des roseaux se prémunit contre l'inondation.

Le râle *marouette* est également en sûreté dans son nid en bateau flottant en liberté, toutefois retenu par un lien qui l'empêche de changer de place (1).

L'oiseau est observateur ; il ne s'effraiera pas des mouvements inoffensifs, et ceux

(1) Blaze, p. 208.

qui voient l'homme pour la première fois ne fuient pas à son approche; mais bientôt apprenant à connaître le roi des exterminateurs, ils sauront l'éviter et ruser, mais vainement hélas! pour sauver leur vie. Si vous tuez plusieurs fauvettes occupées à dévaster un jardin, les autres disparaîtront aussitôt; elles ont reconnu que la place n'est plus tenable. En un mot, la Providence a départi l'industrie aux uns, la prévoyance à l'insouciant, le courage aux forts. L'autruche, en fuyant, cherche à détourner les regards de ses œufs; abordée elle se défend des ailes, dont les coups sont puissants. Cet oiseau, colosse de l'espèce, n'a pas un degré d'intelligence proportionné au rang qu'il occupe. Il est stupide entièrement. L'éléphant, cet autre géant des quadrupèdes, est plus richement doté; son intelligence est grande, mais moins que celle du chien. Etant civilisé, il sait compter et frapper le nombre de coups de marteau demandés par ses visiteurs. C'est ici la preuve la plus claire de l'étendue de ses facultés; car il lui faut réfléchir.

L'homme soumet tout à son empire; il profite avec art du faible de chacun pour l'établir. Ainsi, il imite le cri des oiseaux, surtout quand ils souffrent, et les autres d'accourir. A la pipée, dès qu'on prend un geai, ceux du voisinage arrivent au secours; lui-même y venait croyant ravir à la chouette un petit oiseau que l'on faisait crier. Le geai est donc courageux et bon compagnon; de même qu'il assiste les autres, les siens ne l'abandonnent pas dans le danger. Si on veut en prendre plusieurs, il suffit d'en attacher un tout vivant à des pieux fichés en terre, car à ses cris les siens viendront pour le délivrer, et lui, les saisissant avec ses pattes, ne les lâchera pas. L'*aigrette*, oiseau d'eau bien connu, est de ce nombre. Si on en place une *en mouvant*, sur le bord de l'eau, elles se feront toutes tuer en voltigeant autour d'elle; les coups de fusils ne les effraient pas. Je l'ai vu moi-même. Instinct sacré de la nature, persistant dans un simple oiseau, tandis qu'on le voit s'éteindre dans le cœur de l'homme, miné par le honteux égoïsme, et dénaturé trop souvent par les vices de la société!

L'oiseau ne fuit pas l'homme naturellement, les voyageurs nous l'ont appris; il y en a de nos jours encore qui sont fort peu sauvages. On en fait l'expérience chaque fois que l'on aborde une île déserte.

L'étourneau, en Amérique, n'est point intimidé par la présence de l'homme, et en voltigeant sans cesse autour des cavaliers qui traversent les plaines du grand désert américain, en partant de *Niobrarah*, il se place sur la charge ou sur le dos du cheval pour s'abattre avec une admirable adresse sur les taons redoutables, dont les piqûres font bondir ces animaux (1).

(1) *Ann. de la Prop. de la Foi*, 1850, p. 260.

Ainsi, là comme partout la Providence a placé le remède près du mal : elle donne à l'étourneau l'appétit et le courage qui lui font vaincre la présence de l'homme pour délivrer les quadrupèdes d'une mouche terrible !

— Dans le Coimbalfour (Inde), dans les forêts impénétrables de l'Inde, mille variétés d'oiseaux se disputent les ombrages. L'homme ne leur peut rien (1). Chez nous, ils ont peur de tout ; on en entend à peine.

Que seraient nos contrées sans quelques oiseaux de passage qui déjà séjournent peu ! Cependant, qu'on y songe, les oiseaux qui passent ont éclos quelque part ; ceux qui naissent chez nous sont destinés à peupler ailleurs les solitudes des autres parties du monde, nous devrions les épargner ; mais tout est pâture pour l'homme !

(1) *Ann. de la Prop. de la Foi*, t. XIX, p. 423.

— En examinant comparativement les nids d'oiseaux, on est frappé de l'industrie qu'y déploient les plus petites espèces, tandis que les plus grands les construisent avec moins de soins. Le pinson, la penduline ou mésange, le troglodite, y mettent un art infini; le pigeon rassemble quelques brins où il dépose ses œufs, pressé qu'il est de les pondre, puis il achève ensuite peu à peu son nid, qui se borne à des branchettes nues, entrelacées grossièrement; le canard *poche* place les siens sur cinq ou six branches mal jointes, où ses œufs sont en danger de tomber; mais comme la chaleur de l'incubation doit se perdre facilement, la Providence y a suppléé sans doute en les rendant plus accessibles à ses influences, ou peut-être encore en les faisant éclore plus vite. Cette disposition du nid, superposé à l'eau, a pour but sans doute de pouvoir sécher vite en cas d'envahissement de ce liquide. L'autruche, le plus grand de tous, se borne à faire un trou dans le sable des déserts; la tourterelle à son tour assemble à peine quelques brins de broussailles.

— Les oiseaux de nuit nous sont moins connus. Ces êtres à part, pèlerins des airs alors que nous sommeillons, ont des mœurs particulières; façonnés pour une existence spéciale, ils sont effrayants par leur forme et leur aspect; ils sont plus hideux encore quand nous les contemplons de jour, parce que la lumière les fatigue et leur donne un air gauche et forcé. Mais, comme l'enseignement est près de la source! Pareils à la vertu cachée, qui souvent ne revêt qu'une méchante enveloppe, ces oiseaux disgracieux sont aussi utiles à l'homme qu'ils sont laids. Sage compensation de la nature, qui pour tout a ses mystères et ses dons cachés! Sacrifiés sans pitié à cette aversion que leur physique inspire, nous les voyons cloués aux piloris de nos maisons, et là, le sot campagnard, le citadin ignorant et crédule semblent fiers de les avoir immolés. Le jour de la réparation est lent à venir pour eux; le naturaliste s'efforce presqu'en vain de répandre la lumière, ce n'est que depuis peu de temps, et dans des contrées fort restreintes, que le peuple apprend à respecter enfin ces nocturnes visiteurs, qui détruisent les rats, les crapauds, les serpents, les insectes de nuit. Heureux les greniers par eux visités, car ils en chasseront tous les rats; dès long-temps j'ai le soin de laisser les miens, à la campagne, ouverts pendant les longues nuits d'hiver, et j'ai vu souvent, à des marques non douteuses, que les chats-huants s'y étaient établis.

Quand on leur connait cet instinct précieux, on en vient à regarder ces utiles auxiliaires de l'homme comme des soutiens méritants. Leur cri n'effraie plus; on se plait alors à l'entendre, car c'est le signal de l'apparition d'un ami.

Leur manière de nicher est peu dispendieuse, ils se blottissent dans les creux d'arbres et y déposent deux œufs. Ils craignent la besogne, on le voit; ils ne sont pas minutieux, mais, comme ils fuient la lumière, il est naturel qu'ils aient choisi l'intérieur des arbres pour y fixer leur demeure.

J'ai cité un cas assez rare : c'est celui d'un moyen-duc qui avait niché dans un nid de pie. Il lui a fallu y faire une entrée, car on sait que la pie recouvre son nid d'épines qui le rendent inaccessible.

— Il y a des choses qui étonnent au premier aspect : c'est cette présence des oiseaux dans un lieu qui leur sera propice. Ainsi, au temps des semailles, on voit le bouvier suivi par le hoche-queue, qui ne s'était pas encore montré jusque-là; pêchez un étang, les oiseaux aquatiques de tout genre y descendront aussitôt sur les ailes de la nuit; le héron s'y montrera isolément. Commencez à mettre en eau ce même étang, les canards, les sarcelles vont s'y abattre matin et soir, et se tiendront toujours à la queue ; c'est que là ils trouvent une foule de vers et de proies que les eaux y amènent.

Puis viennent les mortalités de poissons! Les corbeaux accourent par bandes pour en désinfecter nos champs! Admirable disposition de toutes choses! Heureux l'homme qui sait la voir et la comprendre!

Il y a des oiseaux qui semblent se rapprocher de l'homme par le sentiment de la sociabilité :

La *veuve*, à Madagascar, pousse des cris plaintifs quand elle a perdu son compagnon; aussi les naturels l'ont-ils en vénération, parce que leur île ayant été dévastée par plusieurs fléaux, cet oiseau semblait s'associer à leur chagrin par son attitude et par les intonations mélancoliques de son cri. Personne n'oserait tuer un de ces oiseaux, et chacun les respecte. Voici ce qu'en disent des témoins dignes de foi :

La *veuve noire*, de la grosseur du merle, à Madagascar, imite tous les chants, les sons de voix qu'elle entend; cris des animaux, bruit des torrents ou des orages, etc.

Les Malgaches l'ont en vénération, parce qu'ayant été affligés d'une terrible famine, et se lamentant beaucoup, la *veuve* ne faisait que pleurer comme eux. Elle est sacrée pour eux depuis lors, mais elle ne supporte pas la captivité. Elle imite, dès qu'elle est en cage, le cri du coq, du chien; miaule avec le chat et lutte sans cesse ainsi avec eux. Elle refuse de manger (1). Il semble que cet oiseau, si parfait dans son espèce, n'ait pas par cela même été destiné à vivre avec nous, et à se propager. Sa grande perfection lui

(1) *Ann. de la Prop. de la Foi*, juill. 1849, p. 268.

a été donnée en lui disant tu n'iras pas plus loin! tu ne pulluleras pas!

L'au-rankakin de la Mongolie est un canard qui semble organisé de même. Ses mœurs sont fort intéressantes. Il vit en union indissoluble avec sa compagne, sans jamais se séparer d'elle. Les mouvements de l'un déterminent toujours ceux de l'autre. Il n'y a jamais plus de deux œufs dans chaque nid, l'un mâle, l'autre femelle, produisant ainsi, comme dans la tourterelle, des unions toutes naturelles. Il n'a pas de cri ordinaire, mais si l'un des deux périt, l'autre fait entendre un son plaintif, soupire constamment son veuvage, et finit par se laisser mourir de faim. Touchante fidélité, et sentiments bien tendres, réunis dans un simple oiseau (1)!.....

(1) *Ann. de la Prop. de la Foi*, t. XX, p. 30.

II. — OISEAUX DOMESTIQUES.

LE COQ. — LA POULE.

On a tout dit sur le coq, je n'y reviendrai pas. Cependant on a peu insisté sur son langage; il est très-varié. Je lui ai surpris plus de vingt intonations, toutes ayant un but différent, et qui affectaient plus ou moins les poules.

Ce qui est incroyable chez cet oiseau, voué à la plus sombre jalousie, c'est cette manie de combattre un rival. J'ai vu des poussins très-jeunes se battre déjà pendant un quart-d'heure, par la seule manie de la lutte; ils ne savaient pas comment s'y prendre; l'un d'eux était toujours victime, et devait avoir le crâne endolori, car il recevait tous les coups et ne *savait* pas en porter un seul. Eh bien ! plutôt que de céder, cet oisillon se battait encore !

J'ai toujours admiré que le chat n'attaquât pas les jeunes poussins ! il lui serait si facile d'en saisir malgré la mère ; il ne touche pas non plus aux jeunes canards. Je ne sais ce qui le retient. J'ai vu aussi un jeune chat tout près d'une couvée, la mère paraissait calme, elle le regardait bien, mais elle ne lui disait rien. Elle aurait pu lui sauter dessus sans peine ; elle se disait certainement c'est un enfant, il n'est pas à craindre et je le guette.

Ce qu'on ne se lasse pas d'admirer, c'est de voir deux mères poules menant pâturer leur couvée d'âge différent, marchant près l'une de l'autre sans que les petits se mêlent où se trompent de mère ; On peut dire que le plumage est un peu différent, le cri de rappel aussi, mais peu saisissable pour nous ; les petits y voient plus clair sans en avoir l'air.

Les poules ont la manie de cacher partout leurs œufs ; cela vient quelquefois de ce qu'elles sont mal soignées au poulailler, qui n'est pas agencé convenablement, ou qui est tenu malpropre. Mais il y a des poules qui, sans cela, ont toujours cet instinct : ce sont celles qui se rapprochent de l'état sauvage. Il faut les tuer sans pitié; celles-là luttent contre la domesticité, et protestent au nom de la nature.

Quand la poule est jeune, les premiers œufs sont très-petits, souvent inféconds, parce qu'elle n'a pas encore attiré l'attention du coq. Ces œufs sont d'un blanc pur. On trouve quelquefois dans les nids de très-petits œufs d'un jaune sale, ce sont des œufs avortés; leur apparition annonce l'épuisement de la poule. On sait que la crédulité des gens de campagne, en comparant ces produits éphémères aux beaux œufs de poule, refuse de les leur attribuer, et, jaloux de placer du merveilleux dans tout (c'est hélas la lubie de l'ignorance), ils disent que ce sont les coqs qui les font, et qu'il en sort un serpent. Et pourtant personne ne l'a vu, *et ne le verra jamais!.....*

Œufs bizarres. — Quelques collecteurs d'œufs ont réuni des œufs de poules de toutes les formes : les uns sont pleins d'aspérités, d'inégalités; les autres sont irréguliers, très-amincis à l'un des bouts, et on ne croirait jamais que c'est là un produit de la poule. Ces anomalies sont des monstruosités comme on en remarque dans toutes les parties du règne animal; elles complètent l'histoire des oiseaux, et on a bien fait de leur donner place dans les collections particulières.

Je ne sais si l'on a fait cette remarque qu'il y a des œufs dont le jaune est pâle ou très-coloré. Les premiers produisent des femelles, les seconds des mâles; ils sont plus savoureux; ceux des pillettes, sorte de *primeurs,* me semblent plus délicats que les œufs des vieilles poules.

L'électricité fait tourner les œufs : aussi les fermières ont le soin de placer de la ferraille à côté du nid ou dessous.

Depuis peu on a introduit dans nos campagnes une variété de poule dite russe. Cette espèce est grande, et se prête à l'engraissement. Elle fournit en Bresse ces chapons de cinq à six livres, qui se vendent 15 et 25 francs pièce.

Nos fermières ont d'abord eu remarqué que la femelle (elle est huppée) n'est pas abonne mère, et abandonne sa couvée encore fort jeune. On les a supprimées comme couveuses. Jaloux de me rendre compte de ce fait, j'ai examiné le crâne de ces poules : il est fortement déprimé sur le derrière, et forme comme un escalier. Il y a donc là amoindrissement de cette partie du cerveau, dans le voisinage de laquelle Gall plaçait l'organe de l'amour des petits. En voyant cette conformation, je n'ai plus été étonné que les poules russes fussent de mauvaises mères. C'est ainsi que chaque jour établit la vérité des observations du célèbre phrénologiste; et son système, appliqué aux animaux, trouve un appui bien fondé.

L'organe de l'amour des petits est placé derrière la tête; il y a des poules qui l'ont développé et pointu près de l'articulation du cou; d'autres ne montrent aucune saillie. Je constate que les poules que l'on supprime, bien que jeunes, par le motif qu'elles couvent mal, ou pondent en cachette, ont cette partie du crâne plate et très-osseuse. Vérification faite, le cerveau y aboutit à peine dans des anfractuosités épaisses. C'est fort remarquable; toutes celles que j'ai examinées sortant de la cage d'engrais, où on les avait mises pour la vente, annonçaient leur éloignement naturel pour la progéniture. Ceci s'accorde avec les observations de l'illustre Gall.

La poule est belliqueuse; quand elle

conduit une couvée, elle s'élance sur les jeunes coqs qui viennent manger près d'elle. J'en ai vu une soutenir pendant cinq minutes un combat dont elle sortit victorieuse.

Dans un long article sur la poule, M. Français de Nantes s'est étendu sur ce volatile avec trop de complaisance; il donne bien de la portée, selon moi, aux actes de la vie de cet utile oiseau; ses amitiés avec certains animaux, ses caresses pour la fermière qui le nourrit, me semblent fort exagérées; je n'ai jamais rien vu de semblable en Bresse. Je trouve qu'il est très-bien de colorer par le style l'histoire des animaux, mais je ne voudrais pas en faire une épopée (1). Ne brodons pas trop sur la nature, elle est assez riche par elle-même!

L'œuf de la poule est une substance

(1) Voir le *Dictionnaire de la Conversation*, au mot *poule*.

intime qui participe aux aliments dont elle se repait : si dans les saisons humides elle mange des vers de terre (lombrics), ses œufs en contractent le goût argileux ; ils sont fort mauvais. Que de fois je l'ai éprouvé ! C'est ordinairement au printemps et en novembre. Dans la saison où les grains abondent, pendant et après les battaisons, les œufs sont excellents.

Souvent les gallinacées avalent de petites pierres ; Buffon pense qu'elles les prennent pour des grains ; je crois qu'ils s'en lestent le gésier avec intention. En se crispant, cet organe imprime une certaine rotation aux aliments qu'il contient, et les fragments de quartz ou de chaux carbonatée aident à les triturer en s'y mêlant. Je conserve une *douzaine* de petits quartz trouvés dans le *gésier* d'une seule poule. Cette quantité démontre qu'ils ont été avalés avec intention ; mais ce qu'il y a de remarquable, c'est qu'ils sont tous en cristal très-pur, et ont été ramassés en Bresse, où jamais l'œil n'en aperçoit sur la terre, qui est *argileuse*. Il semble que la poule les ait recherchés avec soin, car il est évident qu'elle ne les a pas trouvés au même endroit. Ces cristaux sont plats et arrondis sur les bords comme s'ils avaient été broyés sur quelque chose (1).

Il y a souvent aussi des pierres dans les reins; c'est un calcul naturel. Je m'y suis souvent brisé la dent.

Le coq paraît sujet à un accès nerveux dont il n'est plus le maître une fois qu'il est provoqué. Je fus témoin du fait suivant, dont l'authenticité pourra plaire à la science : Un marchand colporteur passait dans la rue et criait sa marchandise avec des intonations monotones et traînantes; un coq en fut irrité, il s'élança aussitôt sur cet homme avec une fureur telle que, craignant d'en être aveuglé, celui-ci se mit sérieusement en défense et l'étendit presque mort à coups de bâton. Le pauvre animal gisait à terre, on accourut pour le relever; il se remit peu à peu; mais ce qu'il y a de plus extraordinaire, c'est qu'ayant repris ses sens, il s'élança de nouveau contre le crieur; on les sépara de force.

C'était nécessairement le cri discordant et irritant du marchand qui avait provoqué la colère de l'oiseau, car je m'assurai qu'il ne portait sur lui aucune couleur éclatante, que l'on dit irriter les coqs.

(1) Buffon, au mot *autruche*.

LE DINDON.

Cet oiseau domestique justifie toujours de plus en plus son nom; il n'acquiert aucune intelligence; c'est une brute enrégimentée au profit de l'homme. Stupide et vain, le dindon n'est bon que pour la table.

Il est si sot, qu'on le fait couver; il a l'estomac si chaud, qu'il avale cent vingt noix par jour pour s'engraisser (1)!

Cependant la femelle, écoutant son instinct sauvage, qu'elle a conservé, malgré l'homme, dans toute sa plénitude, se dérobe constamment pour pondre ses œufs. Dans les champs il faut la surveiller beaucoup.

Si quelqu'un s'étonnait de ce que le

(1) Rozier, au mot *dinde*.

dindon n'acquiert pas de ruses ou des allures nouvelles, obtenues à la longue et par le fait de sa résidence avec nous, nous répondrions avec l'illustre observateur Gall, que cela vient de l'exiguité de son cerveau. Ouvrez un crâne de coq d'Inde, et vous serez frappé des irrégularités de cette boite osseuse ; au lieu d'être mince et unie en dedans, elle offre à l'œil des aspérités et des renflements solides, qui sont autant d'espace occupé au détriment de l'organe cérébral.

La pie et le corbeau en ont autant que lui, sans avoir égard à leur taille! Ainsi le Ciel a départi à l'un la matière et le volume ; aux petits il a fait don de l'intelligence et de la malice. Dois-je dire que cela se remarque constamment dans l'homme!

Le dinde a pourtant son instinct, mais il est borné, et j'ajoute qu'il est souvent trompé. Ainsi, en pâturant dans les champs, cet imbécille oiseau ne saura pas choisir et délaisser une herbe mortelle; il la pique et meurt.

Destinés à vivre en troupe, les dindons ont un langage qui les porte à l'assistance. Ces oiseaux sont faibles et poltrons, ils doivent par le nombre suppléer à ce qui leur manque. A certains cris tous accourent et se réunissent, font du bruit si c'est un danger qui s'annonce, et cherchent à effrayer l'ennemi. Si l'un d'eux découvre un nid dans l'herbe, il pousse un cri, chacun arrive, en formant une enceinte qui se rétrécit à mesure qu'on approche, et tous, en commun, *attaquent* l'asile inoffensif où repose une jeune famille confiée à la foi publique!

Un jour qu'un grand émoi de ce genre avait lieu au pâturage, le berger accourut et leur prit un lièvre qu'ils cernaient avec agitation. Qu'en voulaient faire ces sots volatiles? Ce n'était pas pour le manger. Sans doute ils croyaient avoir affaire quelque ennemi. Si, au lieu d'un levraut timide, ces oisons mal avisés avaient envahi un renard!...

Je ne m'étendrai pas plus sur cet oiseau.

LE CANARD DOMESTIQUE.

Epais en apparence, et quelque peu stupide par lui-même, le canard isolé offre peu d'attraits à l'observation. Mais vu de près et sur l'eau, en troupe, cet aquatique est gracieux et varié dans ses allures.

Quand ils dorment sur l'eau, et qu'ils laissent entrainer à la dérive leur coque de navire; quand la brise légère les remorque doucement et les accumule les uns sur les autres sans qu'ils se dérangent de leur hamac humide, ils simulent parfaitement le somnolent Asiatique, se laissant bercer par le *dolce far niente!* Mais qu'un petit bruit se fasse entendre, chacun entr'ouvre la paupière, et si c'est un cri d'alarme, les voilà tous alertes, remuant pour fuir le danger, ou bien volant à demi sur l'eau pour échapper plus promptement. Le canard est peureux et sujet aux terreurs paniques, c'est un reste de son naturel que la domesticité n'a pu lui ravir, car on sait qu'à l'état sauvage il est impossible d'aborder leur troupe, tant ils font bonne garde et prennent peur au moindre bruit.

Vivant en société les canards en acquièrent les mœurs, ils s'aiment entre eux, s'imitent pour tout; quand l'un bat de l'aile pour s'étirer au réveil, ou s'il boit un coup, chacun en fait autant; ils bâillent aussi en s'imitant, et quand ils veulent voir quelque chose qui les inquiète de loin, ils élèvent vivement la tête de bas en haut. Il y en a toujours un qui dirige la bande; marche-t-il en avant d'un air assuré, après un pêle-mêle au bord de l'eau, où chacun plonge et barbotte à l'envi, la troupe suit immédiatement. Cette obéissance volontaire, mais passive, annonce l'union; l'ordre qui règne dans leurs évolutions, leur langage varié suivant les cas, toujours écouté et suivi, garantit au canard une existence sans encombre. Point de volonté rivale, pas de désir inutile ou détourné; tous se tiennent réunis et se règlent sur la marche du premier, et on ne cherche pas à le devancer ou à prendre sa place. Modèle pour une république calme et heureuse, le canard ne connait pas les déceptions de l'ambitieux de nos sociétés humaines; chacun restant à sa place arrive à point au but de ses efforts et atteint ses désirs sagement bornés !....

Tant qu'il vit en troupe le canard règle sa vie sur celle de son voisin; il a son langage assez varié. Ils se connaissent mutuellement, et si une femelle a tardé de joindre le troupeau, le soir venu chacun montre de l'inquiétude, il remarque la diminution du groupe et parait s'en attrister. Un trait touchant, que j'ai entendu raconter par le docteur Gall, d'illustre mémoire, vient à l'appui de ce que j'avance :

Une fois une femelle manquait; ses

compagnons s'en aperçurent, et restaient au bord de l'eau, la rappelant par intervalle au lieu de rentrer au poulailler; le jour baissait cependant; il était curieux de les voir levant le cou, allongeant le bec au vent, puis écouter et crier par intervalle avec vivacité; tout d'un coup la femelle paraît, un léger murmure se fait entendre, on n'est plus inquiet, la joie va paraître, on se contient; la chère désirée aborde enfin d'un pied rapide, et s'avance heureuse à son tour vers ses bons camarades. C'est alors que la scène s'anime : chacun se précipite à l'envi vers elle, veut la toucher du bec, et le lui promène sur la croupe comme pour la féliciter, ce que la tendre égarée supporte avec abandon, s'y prêtant de bonne grâce; puis, le chef de la bande prenant les devants, chacun suit, le corps renflé par la joie et le jabot dûment lesté.

Voilà un exemple de l'affection du canard, ainsi que de son langage.

Au temps des amours, rien n'égale les soins et les attentions de cet oiseau pour sa femelle : il fait la roue autour d'elle, lui pousse les vivres et les eaux douces, la suit partout comme un chien, car il s'est fait servant d'amour et ne commande plus. La femelle se cache pour pondre ses œufs, qu'elle dérobe, et s'établirait sur un nid si la fermière n'était attentive à la faire rentrer de force, et si elle ne la lâchait le matin qu'après qu'elle a pondu son œuf. La quantité qu'elle en fait au printemps est très-grande (1); alors elle devient plus domestique pendant le jour, et reste avec son mâle autour des bâtiments; elle entre au logis, rôde comme un chien ou un chat pour trouver quelqu'aliment; on remarque ainsi que cet oiseau est plus civilisé, il comprend l'homme et ne s'effraie pas de lui.

(1) Voir Bernardin-de-Saint-Pierre, *Etudes*, t. I, p. 268.

J'en ai vu un pendant l'hiver avec sa femelle dans une cour à la ville, suivre tout le monde qui passait près de lui, hâtant le pas avec effort, conversant en quelque sorte avec ceux qui lui donnaient quelque chose. Il resta long-temps prisonnier sans pouvoir s'ébattre et nager sur l'eau; aussi paraissait-il avoir changé de mœurs; il s'était fait piéton obstiné, léger comme la plume de ses ailes, se moquant des chiens et des chats. Ces faits démontrent que si l'on s'occupait d'apprivoiser un canard isolé, il se prêterait à plusieurs gentillesses.

Le canard, dans son jeune âge, craint beaucoup la pluie, et pourtant il vit sur l'eau; c'est que ses ailes poussent très-tard, et que la pluie le perce jusqu'aux os. Il est sujet aussi à des crampes durables dans les jambes; il les traine pendant plusieurs jours, puis peu à peu le mal se guérit. Cet oiseau aime la propreté et se salit beaucoup.

Il varie de plumage dans nos basses-cours; on devrait s'appliquer à conserver pour le reproduire ceux qui ont encore les attributs du canard sauvage. Les gros mâles gris-cendré, bleuâtre, au cou vert changeant, et les femelles présentant le plumage des cannes sauvages, devraient seuls être gardés. J'en vois encore beaucoup dans nos troupeaux; cela prouve que le canard n'a pas dégénéré parmi nous. Ses instincts aquatiques sont les mêmes, car en sortant de l'œuf les cannetons se glissent dans l'eau, nageant comme père et mère.

On engraisse le canard depuis octobre jusqu'en janvier; il acquiert en peu de temps une graisse fine et succulente qui lui couvre tout le corps; c'est avec du maïs cru qu'on le nourrit en Bresse; pendant quinze jours on lui en donne jusqu'à ce qu'il y renonce. Il faut le tuer alors dès qu'on voit qu'il perd l'appétit.

On a remarqué qu'en octobre le canard

est friand de blé noir. S'il en trouve un champ près de lui, il y court; mais cet aliment le fait maigrir, aussi les fermières veillent-elles avec soin pour l'en détourner. C'est un instinct du canard; l'embonpoint que nous le forçons d'acquérir est contre nature, il veut, avec un antidote, obvier à son obésité; cet oiseau, du moins, profite de sa liberté pour se soulager; mais tous les autres volatiles que nous encageons... s'ils pouvaient, comme le canard, recourir au remède! Hélas! ce dernier échappe-t-il pour tout cela à notre incessante voracité?

Pauvres moutons, toujours l'on vous tondra!

LE PIGEON.

Qui n'a pas élevé et nourri des pigeons? Est-il rien d'aussi utile pour le ménage, d'aussi productif pour sa consommation, et d'aussi agréable à contempler quand on sait établir sa volière à portée de l'observateur! J'en ai construit une à rez-terre, le devant était fermé par une forte grille, et je voyais ainsi tout ce qui se passait à l'intérieur. Elle était adossée à un mur de mon jardin, et mes pigeons, joyeux de sa verdure, le parcouraient dans tous les sens pour y chercher ce dont ils avaient besoin; ils mangeaient mes limaces. Je fus contraint cependant de supprimer ce vaste champ d'expériences, car la fouine me faisait une rude guerre, et quelque soin que l'on apportât à fermer l'entrée chaque soir, si on oubliait une fois, la fouine entrait aussitôt et me fendait le cœur par ses cruels ravages. Cet ennemi terrible est vorace de pigeons; il faut être bien prémuni contre elle pour qu'elle ne s'introduise pas tôt ou tard dans un colombier. Pour cela, le plus sûr moyen c'est d'avoir l'ouverture dans un mur d'aplomb éloigné de tout rebord, tablette, corps qui avance, etc., autrement elle arrive toujours à son but.

Je les changeai donc de place, et je les tins dans de grandes caisses en bois, assujetties au plafond d'une écurie; l'espace était étroit; ils réussissaient cependant; mais je les supprimai tout de bon, car ils engendraient de la vermine: les petits fientaient outre mesure. Cette matière accumulée se corrompt, des vers y naissent, et des puces aussi; il n'y a plus moyen, pour un amateur quelque peu délicat, de soigner *de près* ces tendres oiseaux, et alors ils sont négligés.

Ceux que je faisais nicher dans des nids d'osiers suspendus, et c'est la meilleure méthode, n'étaient pas exempts de cette vermine, qui s'engendrait *spontanément*, je me sers avec intention de ce mot, en connaissant toute la *portée;* plusieurs fois en nettoyant ces nids je les trouvai garnis, à en être tout rouges, de petites puces encore rondes et prêtes à bouger. Qui les avait produites en si grand nombre, tout d'un coup et sur un même point? Des pères et des mères? Je ne le crois pas. D'abord, jamais si grande production ne s'est montrée à la fois, et si elle avait lieu chez nous ne serions-nous pas dévorés? Heureusement que la chose n'arrive pas ainsi. Mais pourquoi a-t-elle lieu ailleurs? J'ai déjà bien visité des nids de pigeons, soit *pattus*, soit fuyards, j'y ai trouvé des poux, des punaises et des puces, mais en très-petit nombre. Dira-t-on que quelques puces, auparavant déposées dans les nids, y ont pondu et pullulé tout-à-coup? Je ne répondrai pas non, car je sais que la nature est puissante, mais cette même nature a bien pu les engendrer spontanément, et le nombre immense que j'en ai trouvé là le démontre, ce me semble. Il n'y avait pas un mois que j'avais nettoyé le nid, et je concevrais que si l'ordure y eût séjourné depuis long-temps les petits en auraient fait d'autres et ceux-ci à leur tour, ce qui, allant toujours en croissant de plus belle, aurait enfin déterminé la génération immense qui frappa mes regards ; mais point du tout, il me semble que le fait manque de base, par les moyens ordinaires, et qu'il s'explique mieux par un avénement surnaturel. Maintenant, savons-nous bien tout ce que fait la nature? Pourquoi donc lui nier son plus bel attribut : celui de créer. Bref, pour terminer cette digression, je dirai que la nature crée d'abord d'elle-même, et qu'elle propage ce qu'elle a fait *par les pères et les mères*. A la suite des épidémies et autres destructions, où en serions-nous si notre puissante mère ne produisait pas encore!

Telle fut la cause de la suppression de

mes chers pigeons. Disons maintenant quelque chose de ce que j'ai observé.

Rien n'est plus touchant à considérer que cette foi conjugale, toujours plus solide et plus dévouée. Que j'aimais à voir le pigeon mâle venir relever avec gravité sa femelle qui couvait, afin qu'elle pût prendre un peu de nourriture, s'ébattre, humer l'air, s'étirer les ailes et rôder aussi dans le jardin! Bientôt rappelée aux soins maternels, elle venait à son tour prendre sa place accoutumée. Elevés ainsi sous les yeux, visités à chaque instant, ces pigeons étaient presque domestiques et ne se dérangeaient nullement. Comme les nids étaient bien séparés, il n'y avait jamais de querelle; mais à l'extérieur, les mâles se battaient quelquefois. C'est à coups d'ailes qu'ils se disputent, ils frappent fort, mais ne se font pas de mal. Heureux oiseau, type de l'amour et de la fidélité; toi que les peuples ont adopté pour emblême chéri des religions antiques ou modernes; être inoffensif, vivant pour la société, image de la douceur même, quand tu veux frapper, tes coups sont vains et sans danger!..

Il y a des pigeons qui ont l'amour maternel bien développé : j'ai vu un mâle, déjà vieux, qui, ayant des petits à nourrir, donnait encore à manger à un autre pigeon sorti du nid, et battant de l'aile à faire pitié. Si c'est par instinct, et par cette sympathique inspiration qui se trouve dans le pigeon au moment où il élève sa couvée, d'où vient que les autres ne le font pas tous? Il y avait dans mon colombier d'autres pigeons qui n'y prenaient pas garde. Si c'est de l'instinct il serait bien beau; j'aime mieux dire que c'était un caractère particulier et une tendance plus prononcée à l'affection. De la part d'une femelle nous trouverions le fait bien, mais il appartient à un mâle, et je trouve que c'est mieux encore!

On verra que j'ai cité une chose pareille de la part d'un serin mâle.

La pluie attriste la nature; elle m'a toujours fortement impressionné. Les oiseaux éprouvent quelque chose de semblable. Les poules perchent et laissent tomber l'eau qui découle de leurs plumes; le pigeon, au lieu de rentrer au colombier, aime à la sentir, mais il est perché aussi sur son toit, et là, les plumes et les ailes resserrées, il semble plongé dans un demi-sommeil. Cet oiseau a le corps brûlant; les poux lui font la guerre, et quand il peut se baigner il est heureux. Mes *pattus* se gaudissaient dans leur baquet d'eau; ils déployaient curieusement leurs ailes comme pour humer la fraîcheur de l'air.

On trouve souvent dans les nids de pigeons un œuf à côté d'un petit. Cela indique ou que la femelle l'a fait avant d'être fécondée, si elle est jeune, ou bien que les pigeons sont vieux. Il est impossible de discerner cela et d'y remédier dans les colombiers de *fuyards;* mais pour les pigeons nourris dans des caisses on doit connaître leur âge et les apparier convenablement.

Les pigeons font aussi de très-petits œufs avortés, comme les poules.

Le pigeon a besoin d'être étudié sous le rapport de son instinct. L'épervier lui fait une guerre cruelle; il ne peut l'éviter que par la vitesse de ses ailes, qui est incroyable. J'en ai vu arriver un à mon colombier poursuivi par un épervier, tous deux fendaient l'air, il allait être atteint quand il s'engoula heureusement par la lucarne. Le forban des airs ne jugea pas prudent d'y entrer, et il dut lui en coûter, car il touchait du bec la queue de mon pigeon!

Un instinct singulier de cet oiseau,

c'est de savoir seul se diriger pour regagner sa demeure, à quelque distance qu'on l'ait transporté. Qui n'a entendu les journaux retentir des hauts faits de ce genre, qui confondent notre esprit humain! Citons-en un :

Trente pigeons lancés d'Orléans le 29 juin 1845, à 5 heures du matin, sont arrivés à Anvers chez leur maître, le premier, le même jour à midi 35 minutes, et les suivants à quelques minutes les uns des autres, jusqu'à 3 heures. Il n'a manqué le soir à l'appel que deux traînards, qui, à la date du 7 juillet n'avaient pas encore paru, mais qu'on ne désespérait pas de revoir (1).

Dans une ascension de MM. Biot et Gay-Lussac, ils lâchèrent des pigeons quand leur ballon ne pouvait plus s'élever. Au lieu de monter en haut, ces oiseaux se

(1) *Patrie* du 14 juillet 1845.

mirent aussitôt à descendre en tournoyant ; l'air raréfié leur disait que la volière était en bas.

Le pigeon, qui possède si bien l'instinct du retour, ne quitte pas son colombier pendant que la terre est couverte de neige. Les gens de la campagne qui sont à portée de les observer dans cette saison, plus que nous qui revenons à la ville, disent qu'ils sont désorientés, et que leur vue est éblouie; on les voit errer autour des bâtiments avec inquiétude. On trouve à ce fait une explication, c'est que le pigeon fuyard qui vit dans les champs comprend qu'il n'a plus rien à y chercher. Dès-lors il s'abstient de courir; c'est alors qu'il faut absolument lui donner à manger au colombier. S'il gèle il faut casser la glace tous les jours, car ces oiseaux boivent beaucoup, en été comme en hiver.

Voici encore un fait qui prouve dans

cet oiseau une mémoire de l'affection : Un voleur avait pris les petits d'une paire de pigeons pattus, et les avait déjà vendus au pourvoyeur. Le propriétaire, surpris de l'agitation de ces oiseaux, les voyant courir çà et là avec inquiétude, pensa qu'on avait pris leurs petits; après en avoir acquis la certitude, il n'a rien de plus pressé que de courir au marché voisin, et là il les trouve et les reconnaît dans un demi-cent mis en cage par le pourvoyeur. Il les rachète, les apporte aux père et mère, qui les reconnaissent aussitôt avec grande démonstration de joie. Il y avait cependant près de deux jours qu'ils étaient volés. La peine que ces pigeons ont laissé voir après la perte de leurs petits n'a pas toujours lieu; ici elle démontre une affection profonde. Les oiseaux qui abandonnent leurs œufs quand on les a touchés, ou leurs petits si on les enlève du nid, quoiqu'on les laisse à portée, ont le naturel plus sauvage; de ce nombre on ne penserait pas trouver la tourterelle, cet emblème chéri de l'amour! Et pourtant, pour peu que l'on dérange son nid, ou qu'elle voie qu'on y touche, elle n'y reparaît pas, et laisse périr plutôt ses petits; il y a d'autres oiseaux qui leur apportent la becquée dans une cage. Le fait des pigeons volés m'a été attesté par le possesseur lui-même.

III. — OISEAUX SAUVAGES.

—

CANARD SAUVAGE.

On sait avec quelle régularité cet aquatique entreprend des migrations lointaines. Son vol est haut, il tend son grand cou en avant, ce qui le fait reconnaître aussitôt; puis, alignée en triangle équilatéral, la troupe emplumée, avec avantage rompt la colonne d'air, et s'avance aventureuse dans les plaines éthérées. Ils vont porter à d'autres climats leurs colonnes serrées; là ils donnent la vie aux eaux qu'ils animent, à l'homme qui les pourchasse, et à leurs petits quand ils peuvent les sauver de la destruction. Puis ils entonnent pendant la nuit certains cantiques mystérieux qui, confondus avec ceux d'oiseaux plus petits, de leur espèce, forment des concerts mélodieux (1). Chez nous rien de semblable; et ces aquatiques prudents gardent un silence obstiné. Il est vrai que quand ils se posent sur nos étangs c'est pour y vivre à la dérobée, en se reposant de leur longue route; et, à part quelques trainards, nous n'en surprenons le jour qu'un faible nombre.

Cependant, tout alerte qu'il soit sur les étangs de la Dombes, les chasseurs du pays savent l'aborder. Le canard sauvage parait être curieux de sa nature : on dresse de petits chiens à sauter sur le bord de l'eau, pendant que leur maître, caché dans le taillis, qui est à l'entour, les tire avec avantage. Ceux-ci, charmés des gentillesses du chien, viennent au bord; c'est à qui s'approchera le mieux. Quoi donc les attire? Sont-ce les mouvements du chien? Ils y sont évidemment pour quelque chose, mais ce n'est pas tout,

(1) *Ann. de la Prop. de la Foi*, t. XIX, .

car il faut absolument que ce petit chien *soit rouge*, de toute autre couleur les canards n'en veulent plus. J'ai plusieurs fois remarqué que mes canards domestiques suivaient très-bien un chien qui passait sur le bord de leurs eaux.

L'œuf du canard sauvage est couleur nankin foncé.

Il arrive quelquefois qu'un ou trois canards séparés de leurs bandes, et voyageant seuls, viennent se poser au milieu des canards domestiques, nageant sur une mare voisine des bâtiments. Il faut qu'ils soient bien pressés de rejoindre leurs semblables pour se risquer ainsi près des habitations. J'en observai un qui s'était joint à mes canards, il se tenait à l'écart, les autres le supportaient, mais n'allaient pas à lui. Ils paraissaient étonnés de voir un de leurs pareils tomber de si haut, eux qui depuis si longtemps ne volent plus! On s'approcha pour le tirer, mais il s'envola.

LE PLONGEON.

Rien n'égale la vivacité du plongeon; il échappe subitement aux regards, puis, après avoir plongé entre deux eaux, il va ressortir sur un point éloigné; souvent alors, voyant qu'on le guette, il ne sort de l'eau que la tête ou le bout du bec.

On ne peut le tuer avec les fusils à pierre, car il plonge au feu du bassinet avant que le coup vienne l'atteindre. Le fusil à percussion déjoue ces calculs; mais l'avantage n'est pas plus grand, car on ne chasse pas le plongeon, qui est un fort mauvais gibier.

Le nid construit par cet oiseau mérite une description: il le place dans les grandes herbes des étangs, et souvent près leurs bords; là, il est posé sur des arbustes aquatiques dont les branches s'entrecroisent dans l'eau ; il entasse les unes sur les autres de la mousse d'eau, des joncées et toutes les plantes aquatiques à proximité ; ce qu'il y a de prodigieux, c'est la quantité qu'il en amasse ; le nid, tiré hors de l'eau et bien égoutté, pèse plus de 7 kilogrammes ; il a 33 centimètres de diamètre ; arrondi en forme de cône plongeant dans l'eau, la partie plate est en-dessus, mais rétrécie, et forme une petite soucoupe au sommet ; c'est là que l'oiseau pond cinq à six œufs d'un jaune marbré ; souvent cette couleur se rembrunit par suite de l'incubation. J'en ai vu de tout blancs, jaunir huit jours après.

Ainsi posé, le nid sort de l'eau de 10 à 12 centimètres. Le mâle fait le guet à distance pendant que la femelle couve, et s'il voit venir quelqu'un il pousse un cri rauque très-distinctif ; alors celle-ci étant sur ses gardes, quitte subitement son nid si le danger approche, mais auparavant elle le recouvre d'herbes qu'elle tient à sa disposition, et qui sont mobiles sur le bord du nid ; l'œil le plus exercé ne saurait le découvrir, à moins de fixer son attention dans ce but. On ne remarque alors qu'une masse d'herbes de forme arrondie, surnageant, et que l'on prend pour des plantes aquatiques. Cette sage inspiration de la nature, à quoi peut-elle tendre? A conserver l'espèce sans doute; cependant les plongeons ne sont pas communs, et l'on n'en tue presque pas; ainsi sauvegardés ils devraient pulluler. C'est le contraire.

L'AGAMI.

Je n'ai garde de passer sous silence cet oiseau étonnant et hors ligne. La nature, dans la gent volatile, n'a pas départi, comme dans les quadrupèdes, l'intelligence à la taille; car l'autruche, le plus grand des oiseaux, est d'une stupidité extrême, tandis que le corbeau, la pie, le serin ont une intelligence développée. L'agami a 22 pouces de longueur, son plumage est sombre, mais, sous ces dehors modestes, il cache des sentiments qu'on ne soupçonnerait jamais chez un oiseau. Il s'attache à son maître comme ferait un chien fidèle, il lui témoigne le plaisir qu'il a de le voir et de le retrouver après une absence; dans la maison il fait la police et pourchasse les hôtes incommodes. Rien n'égale, on peut le dire, toute l'intelligence étonnante dont il fait preuve. Il est à l'oiseau ce que le chien est aux quadrupèdes. Il aime les caresses, obéit à son maitre, et fait la guerre à ceux qu'il prend en guignon. Il vient à la table pendant qu'on mange, et il écarte chiens et chats; il prend enfin, dit Buffon, dans le commerce de l'homme *autant d'instinct relatif que l'homme!* Quel dommage que cet habitant de Cayenne ne soit pas répandu dans le midi de l'Europe !

LE MOINEAU.

Pour l'intelligence, je place le moineau en troisième ordre, considéré après l'*agami* et le faucon (1). On pourrait presque dire que c'est un oiseau domestique. Ce qu'il y a de certain, c'est qu'il est immeuble pour nous à la campagne et dans les villes; il fait partie de nos bâtiments, qui sont sa demeure forcée habituelle; il lègue son nid à sa postérité, comme un propriétaire immémorial, et les trous de murs, les anfractuosités des toits ou des mansardes sont transmises de père en fils comme un bien de famille; puis, la possession de ces modestes réduits ne suffisant pas au bien-être et à la vie animale du passereau légataire, ses grands parents ont bien le soin de lui offrir en perspective tous les

(1) On se rappelle les chasses d'autrefois.

champs d'alentour, les cerisiers surtout; ils leur indiquent encore les issues propices par où ils pourront s'introduire dans les greniers, y puiser largement en se garant du chat, prolonger leur existence de chanoine, libres comme l'air, heureux comme des rentiers en santé, nichant et piaulant à qui mieux mieux, pour le plus grand tourment des gens nerveux, ou des dormeurs trop assidus des deux sexes. Que de fois j'ai maudit son cri monotone et incessant, qui m'éveillait avant l'heure, ou qui durant le jour rompait la suite de mes idées. Je me suis bien promis de m'en venger une fois; je le fais aujourd'hui en traçant son histoire, mais les contrariétés qu'il m'a fait subir ne me rendront pas injuste envers lui, et je raconterai avec calme ses mœurs et ses habitudes.

Le moineau a un cerveau volumineux, et cependant ce n'est pas un chanteur. Gall disait que ces derniers étaient faciles à reconnaître à leur crâne plein et très-gros. Le corbeau, la pie et le geai en ont un énorme; ils ne chantent pas, mais aussi cet avantage dénote en eux un instinct développé, et même de l'intelligence. Nous connaissons les gentillesses de la pie ; elle arriverait à l'état domestique si cela pouvait être de quelque utilité. Je ferai voir à l'article du *corbeau* que son intelligence ne dément pas ce que sa tête annonce.

Revenons au moineau. Cet oiseau, dont la moitié de la vie se passe à nicher, a d'abord reconnu les habitudes des gens du logis qu'il fréquente; il fait son nid à leur barbe et ne se dissimule pas à eux pour en approcher. Il voit chacun vaquer à ses travaux, et il se dit : c'est bon, vivons en paix, abordons notre nid sans crainte. Mais s'il voit quelque étranger fixer sa demeure et la guetter quand il en approche, au lieu d'entrer, ce à quoi rien ne s'oppose, il retourne en arrière et attend sur un arbre voisin, avec sa becquée embarrassante, que l'observateur se soit éloigné.

Il en est qui persistent à vouloir donner le change, et qui rusent à l'infini. Etant élève en droit, j'avais une petite fenêtre donnant sur une cour; dans un mur latéral un moineau avait pratiqué son nid, un petit trou en ouvrait l'entrée, rien autre ne le décelait. Un jour j'en vis un apporter la becquée, mais, m'apercevant à son tour, il se garda bien d'entrer; il fut se poser sur le bord d'un toit voisin, et là, me fixant avec inquiétude, il semblait vouloir me cacher le lieu qui recélait sa tendre progéniture; une fois, deux fois il approche de son nid, fait semblant d'entrer, entre même et ressort aussitôt, puis il me fixe pour se rendre compte de ce que j'étais. Je restais immobile pour le rassurer; mais il ne s'en tint pas à cet examen, et sa prudence n'était pas à bout. Il y avait un quart-d'heure que le manége durait; allant et revenant, l'oiseau inquiet manifestait son dépit en poussant un cri sourd, et en voltigeant à l'entour; puis, se collant enfin à l'entrée de son trou, il se décida à y entrer. Je crus que là se borneraient mes observations. A peine est-il entré qu'il ressort, je n'y vis rien que de naturel; mais il n'avait pas donné sa becquée. Alors il va se poser vis-à-vis, me voit toujours, et part enfin; je le crus éloigné pour tout de bon, mais un instant après je l'aperçus perché sans bruit dans un autre endroit, me regardant du coin de l'œil. Il avait pensé me détourner de guetter son nid. A la fin, n'y tenant plus, et après avoir rusé pendant plus de 20 minutes, sa patience étant à bout (je n'aurais jamais cru celle d'un moineau aussi grande, car la mienne se lassait déjà), il entre dans son nid, donne ce qu'il avait au bec, et va se percher juste au même endroit, sans doute pour me faire croire qu'il n'y avait rien de caché dans ce qu'il venait de faire. Là, leste et dégagé, joyeux et libre, il chante avec force, mais, plein des soucis paternels, il ferme l'oreille aux agaceries d'une jeune femelle qui faisait la poule pour l'attirer, il s'envole sans la regarder même et va chercher de la pâture à ses petits.

Ce fait me paraît annoncer qu'il se passe encore bien des choses dans une cervelle de moineau; mais l'observation nous le démontre chaque jour. Sultan voluptueux, cet oiseau remplit son nid de tout ce qu'il y a de plus moelleux; tout lui est bon, on y remarque des chiffons de toutes nuances, les plumes des poules de la basse-cour aussi, dont le fond du nid est bourré; les œufs doivent s'y couver vite, et les petits se gaudir de la chaleur; il est maintenu propre par les père et mère, qui emportent les fientes des passereaux. Puis, ce duvet moelleux repose sur des tiges de graminées, minces et souples, qu'il façonne en rond. Il emplit de tout cela le dessous des tuiles, les trous de mur, pots à nicher, etc.

Mais ce qu'on n'a pas assez décrit, c'est qu'il n'a pas pour la construction de ce nid un instinct borné; il le modifie selon les circonstances; le fait plus gros ou plus petit, plus court ou plus long, suivant un espace donné. Quand il peut le placer entre des persiennes, sur la tablette d'une croisée, il l'étale en longueur, comme un boyau de mineur; il est très-haut contre le jambage de la fenêtre, puis il se termine en mourant à l'opposite sur une longueur de 18 pouces. Un trou étroit en forme l'entrée, et on plonge dans un enfoncement bien calfeutré de plumes, où les petits doivent respirer peu à l'aise, surtout dans certains trous où il n'y a que la place du nid. Le pigeon, bien plus gros que lui, se contente de quelques buchettes. Il faut au moineau une botte de foin; du large et des aises sont nécessaires à ce pacha des oiseaux.

Quand on prend le moineau fort jeune, on l'apprivoise très-bien, mais quand il a ses plumes il fait le mutin et périt sans vouloir manger.

Un fait à remarquer dans la vie du moineau, c'est une existence isolée, puis ensuite une autre en commun. Dès les premiers jours de septembre, en effet, ce criard volatile laisse nos demeures en repos et s'assemble par troupes nombreuses, vivant et couchant sur les buissons, dévastant les champs de sarrazin, et sans doute détruisant aussi beaucoup d'insectes, chenilles, etc. Puis, aux approches de l'hiver, et souvent déjà en octobre, il revient autour des habitations, où les garçons de ferme en prennent bon nombre sous des trappes, en temps de neige.

Si on ne détruisait pas les moineaux, ils nous affameraient en partie. On sait qu'au temps des cerises il n'y en a que pour eux; ils les entament ou les consomment toutes, surtout quand ce sont des premières à mûrir.

On estime qu'un moineau mange une coupe de blé par an. Evidemment ce n'est pas assez, quoique l'on compte tout depuis que le grain est formé jusqu'à la fin de l'hiver, car nos greniers sont à lui ; j'avais fermé le mien avec soin, mais tous les jours il y en avait une douzaine d'installés autour de mon blé, ayant profité d'un trou inaperçu pour entrer et sortir. Quand ils ont découvert un festin à faire, ils s'appellent mutuellement, et, sous ce rapport, leurs mœurs sont très-sociales; ils ne se disputent pas la nourriture, et je ne les ai vus se battre que pour obtenir la possession d'une femelle; mais alors ce sont des cris assourdissants, des coups d'aîles et de bec étonnants; la mêlée est si chaude qu'ils se laisseraient prendre à la main s'ils étaient à portée. Le moineau est l'oiseau le plus robuste et le plus ardent en amour.

C'est une chose singulière que de considérer les œufs de plusieurs nids de moineaux ; il y règne des différences considérables, depuis le gris cendré jusqu'au demi-blanc ; depuis le brun foncé, à taches larges ou milliaires, ils varient à l'infini. On ne croirait pas qu'ils sont du même oiseau. Il y a des nids où trois œufs seront d'une façon et deux de l'autre. A quoi peut tenir cette variation? Je ne la remarque pas dans les œufs des autres oiseaux, si ce n'est dans le geai, le merle et la grive ; aussi les amateurs d'œufs recherchent-ils ces variétés. Serait-ce parce que devenant chaque jour en quelque sorte plus domestique et s'*améliorant* insensiblement, le moineau *varie* comme certaines espèces animales, influencées par leur séjour près de l'homme? Les savants en décideront.

Il pond cinq et six œufs, quelquefois même sept, et les femelles sont si fécondes que si on les enlève elles en font de nouveaux. Rien n'étonne le moineau, il voit prendre son nid et ses petits, il en construit un autre à la même place, et se donne une nouvelle famille.

Il craint l'homme, mais dans de justes mesures, car il sait vivre avec lui. Placez des fantômes, des moulins bruyants sur les arbres à fruits, dans les champs de blé ou de chenevis, dont il est avide, vous verrez qu'ils ne l'empêchent pas d'accomplir ses maraudages; il les fixe une fois ou deux, puis, remarquant leur immobilité soutenue, il s'approche, fiente dessus et mange le blé dessous. Si le moineau n'était pas rusé, et si ses ruses ne dénotaient pas l'intelligence, je le demande, approcherait-il de ces épouvantails, vraiment hideux! Il imiterait la pie et le geai qui n'osent en approcher; le moineau semble se dire qu'ils n'ont pas été mis pour lui, mais bien pour d'autres grands voleurs, et à l'aide de ce raisonnement, il passe et pille, car il sait bien qu'il ne vaut pas un coup de fusil. Il se fait tuer à la même place que ses camarades, si la pâture lui convient; ici, je l'avoue, c'est montrer peu d'intelligence, mais il ne s'en trouve pas trop dans une tête de moineau, et il faut que l'homme l'emporte toujours; du reste, il a recours à toutes ses ruses, et quand il les a mises à nu il croit avoir suffisamment agi. Pouvons-nous lui en faire un crime? Avec de moins fins que nous, le moineau serait vainqueur.

Dans les grandes villes, cet oiseau est très-familier et n'a peur de rien; on a cité ceux du Palais-Royal, à Paris, qui viennent dérober les débris de gâteaux autour et sur la table des consommateurs qui se rafraichissent dans les cafés du jardin.

Puisque le moineau fait tant de mal, on se demande quelle est son utilité? Ne nous hâtons pas de prononcer sans avoir vu! Pendant l'hiver et au printemps, comme tous les becs coniques, il vit d'insectes, de chenilles; il fait aussi ample consommation d'abeilles, surtout quand il a des petits (1) ; je lui ai vu manger le puceron blanc du prunier.

Il fait en ville le désespoir des jardiniers, et j'en ai vu à qui il était impossible d'avoir des petits pois de primeur; ces larrons acharnés les coupaient tous à fleur de terre quand ils avaient trois pouces de haut; c'était donc pour savourer le suc de cette tige charnue.

Il y a des contrées où il semble que cet oiseau soit plus nuisible encore qu'en France. En Angleterre sa tête est mise à prix ; elle l'est aussi dans le Brandebourg, où chaque paysan est obligé d'en apporter douze par an. On en fait du salpêtre (2).

(1) Voir mon article *Chenille*, *Journal de l'Ain*, janvier 1840.
id. Blaze, *Chasse aux moineaux*.
id. Bernardin-de-Saint-Pierre, *Voyage à l'Ile de-France*, p. 19 et 30.

(2) Bernardin-de-Saint-Pierre, *Observations sur la Prusse*, p. 185, œuvres complètes.

Le moineau vit assez long-temps. Un habitant de Bourg en a conservé un en cage pendant vingt-six ans; il s'est envolé et a dû continuer à vivre. Cet oiseau, très-lascif, s'épuise à l'état de liberté. La cage aura contribué à prolonger son existence.

LE CORBEAU

Pour le vulgaire le corbeau n'est qu'un oiseau hideux et de mauvais augure, vivant de toutes sortes de matières animales en décomposition; pour le philosophe il est vu de meilleur œil, et remplit un rôle utile dans le grand tout de l'univers. Il suit les armées, c'est vrai, et l'on sait pourquoi, mais il se trouve aussi partout où il peut éviter à l'homme les épidémies qui ne manqueraient pas de l'atteindre à la suite des grandes mortalités d'animaux. En 1788, dit M. Varenne-Fenille, les poissons des étangs périrent en grand nombre, et leurs corps, jetés sur les bords par les vagues, menaçaient d'empester le pays, quand survinrent comme par enchantement des nuées de corbeaux qui dévorèrent tout, et la contrée fut sauvée.

Mais considéré de plus près le corbeau montre qu'il est pourvu de beaucoup d'intelligence; on l'a peu constaté. Ayant eu occasion de donner quelque attention à un jeune oiseau de cette espèce, qui vint se réfugier chez moi à la ville, je puis donner plusieurs détails intéressants sur ce qu'il est et sur ce qu'il pourrait être.

Il me montra d'abord beaucoup de défiance, mais peu à peu il comprit qu'il pouvait s'établir entre nous quelques relations plus familières. Comme je jardine en vrai manœuvre, il était là qui me suivait partout, cherchait à piquer quelques insectes, mangeait des larves de hannetons; nous conversions ensemble, car si je me baissais, il venait considérer ce que je faisais, suivait mes mouvements, voulait me prendre ce que j'avais à la main, lors même que cela n'était pas de la pâture; contrarié quand je l'écartais, car il me gênait, il allait saisir tous les objets qu'il trouvait, comme pour montrer sa contrariété, dérangeait mon fumier de place, tirait une plante. Bref, je le pourchassais, mais il ne me fuyait pas pour cela. Au contraire, si j'allais ailleurs, ou s'il m'apercevait au fond du jardin, il me rejoignait en sautillant, car je lui avais soigneusement coupé les ailes. Quand il ne me voyait pas je n'avais qu'à l'appeler, il accourait comme un chien. En un mot, cet oiseau dormait peu le jour et avait une vivacité dont je ne me serais pas douté : il était toujours en mouvement.

A la maison, il s'était installé comme chez lui; vivant avec les gens, leur demandant à manger, surtout sur les chaises, et nous faisant compagnie pendant le dîner; il rôdait par l'appartement, furetant, tiraillant tout; prenant plaisir à tout culbuter sur les tables, dans les paniers à ouvrages, absolument comme la corneille des *Indes*, citée par un voyageur (1);

(1) Buffon, article *Corbine*.

s'amusant enfin comme quelqu'un ayant du sens, et non comme un oiseau. J'avais une petite chienne noire qu'il éloignait sans la redouter ; il avait pris la manie de lui pincer la queue avec le bec, la saisissant par derrière, et en tapinois, chaque fois qu'il la voyait á terre ou pendante sur un tabouret. La pauvre bête, intelligente comme une personne, nous voyant rire de cette malice, comprenait qu'il fallait se soumettre ; elle battait donc en retraite et ne songeait pas à se fâcher. Jamais audace ne fut aussi grande : avisant un jour un chat, il courut vite à sa queue, qu'il tira très-bien.

Il ne se laissait pas prendre, néanmoins, mais il permettait qu'on approchât de son bec, c'était là le canal de tous ses plaisirs, voilà pourquoi notre oiseau noir présentait ce côté là sans crainte ; il espérait toujours qu'on lui engoulerait quelques friandises ; mais point, le temps du jeûne régnait pour lui comme pour les autres.

Plus fin que lui, je le saisissais toujours par le bec quand je voulais l'avoir; mais l'animal, loin de se défier une autre fois, se laissait toujours tirer par là, et même je le caressais en lui grattant la tête, qu'il baissait immobile, comme un perroquet. Je lui lissais doucement le bec avec les trois doigts, il ne bougeait pas davantage. Je le frottais sur le corps, mais je n'ai jamais pu le faire percher sur mon doigt ou sur mon bras; et pourtant cet irrévérentieux volatile me sautait sur l'épaule quand j'étais accroupi dans mon jardin; il enjambait mon chapeau de paille et se cramponnait au-dessus. Sa familiarité finissait par m'importuner.

Il aimait beaucoup la viande, mais il dévorait la soupe. Son appétit était borné. Je me figurais un corbeau vorace de sa nature; dès qu'il avait quelque chose dans l'estomac il ne mangeait plus, mais si on lui présentait il prenait dans son bec, le refermant pour faire semblant d'avaler, puis il allait cacher son morceau dans quelque coin ; peu de temps après il le retrouvait et le picotait.

Etant descendu dans un jardin qui a 18 pieds en contre-bas du mien, le lendemain, le croyant égaré, je le vis au-dessus de ma terrasse, perché sur des branches, et je ne sais comment il avait pu y parvenir avec ses ailes coupées.

On m'a cité un corbeau privé, ayant toutes ses ailes, qui allait et venait sans jamais être infidèle au logis qui l'avait adopté. Il était peu farouche et montrait de l'intelligence.

On voit par ces détails que cet oiseau est susceptible de vivre en liberté avec nous. Si on en avait un certain nombre autour du logis, je ne doute pas qu'avec les chiens et les chats ils ne fissent aussi la guerre aux bêtes nuisibles; ces qualités il les acquerrait toujours plus parfaites en se perfectionnant au contact de l'homme, et en subissant les nécessités de la vie domestique ; car je considère que jusqu'à ce qu'il ait perdu de lui-même en s'abâtardissant, la faculté de voler, on lui tiendrait les ailes coupées. Au bout de trois ou quatre générations, j'estime que la transformation serait complète.

L'odorat du corbeau est très-fin, car il évente de loin les émanations putrides qui l'attirent; on dit vulgairement qu'il *sent la poudre*, il serait plus exact de penser qu'il la craint. Il ne se laisse pas approcher par tout homme qui a l'air de le guetter, qu'il porte un bâton ou un fusil ; ce n'est pas la poudre alors qui l'effraie. La preuve en est que vous l'approchez la nuit ou par un temps brumeux, ou facilement le jour en suivant une voiture ; il a bien remarqué que d'ordinaire la mort ne part pas des voitures qui passent.

Le corbeau niche souvent dans nos

pays; son nid n'est pas caché, car il le construit avant la sortie des feuilles, mais il le perche fort haut. Il se sert plusieurs fois du même, ce qui prouve qu'il se plaît aux lieux qu'il a déjà fréquentés.

Il émigre au sud vers la fin de l'automne, puis au nord quand l'hiver est fini. Ainsi il annonce l'hiver et le printemps. Quand il quitte les régions glacées, c'est afin de pouvoir vivre dans celles qui ne le sont pas; il a, comme tous les oiseaux voyageurs, un instinct qui lui indique la route qu'il doit suivre; il ne se trompe pas. Je fus étonné un jour d'en voir passer une bande allant du nord au sud, et cinq minutes après une douzaine de traînards; ils suivirent la même direction. Ils ne pouvaient plus apercevoir les autres, mais leur instinct les guidait; ils passaient silencieusement et ne croassaient pas, comme ils font d'ordinaire; ils n'étaient donc pas inquiets sur leur route.

On dit qu'un corbeau aveugle était nourri par les autres.

Enfin, le corbeau, que l'homme paraît dédaigner, prolonge son existence bien au-delà de la sienne! Buffon reconnaît que cet oiseau vit plus d'un siècle.

Le corbeau à cou cendré, qu'on trouve partout dans l'Inde, devient audacieux et familier au point de piller dans les maisons et sur la tête des femmes qui portent des provisions au marché. Il y en a dans les villes et les villages sur les places publiques; ils y paraissent comme chez eux (1).

Le corbeau se gratte curieusement la tête : pour l'atteindre, et se cramponner de manière à conserver l'équilibre, il étend l'aile, passe sa patte par dessus et se gratte vivement; il paraît sujet à des démangeaisons dans cette partie. Les autres oiseaux ne se placent pas de même pour se gratter.

(1) *Ann. de la Prop. de la Foi*, t. XIX, p. 408.

LA PIE.

La pie est l'oiseau le plus malfaisant d'Europe, et celui dont on tue le moins. Elle est d'une finesse extrême pour ne pas se laisser approcher. Si on ne détruisait pas quelques nids, cet oiseau mettrait le désordre partout. Autour des habitations de la campagne, si un nid de pie est fait, on est assuré que tous les poussins et les cannetons du fermier seront pour elle; elle les prend avec une adresse extrême, et ce malgré la poule à l'œil perçant. Qu'importe à la pie que la mère poule soit redoutable, qu'elle fasse tête aux chiens et à l'homme : elle a des ailes et elle voit bien que la poule n'en a pas; aussi, dis-je, prend-elle tous les poussins et les cannetons jusques sur le bord de l'eau.

J'en ai surveillé une qui avait découvert un nid de moineau; il était dans un de ces trous que les maçons laissent aux murs pour s'échaffauder; il y avait juste de quoi entrer le corps, pour ressortir il fallait reculer; cette audacieuse pie entrait dans ce trou son corps entier, puis elle ressortait avec un petit moineau; elle enleva ainsi tous les petits.

Cet oiseau aime ce qui brille; on a souvent trouvé dans son nid quelques pièces de métal ou de monnaie. Il se nourrit aussi de noix, et en sème à travers champs; j'en ai vu germer plusieurs fois dans des prés; les gens de la campagne savent bien que ce sont les pies qui les sèment, et ils disent en patois bressan : « *Leux nouyi sont pretou abade!* » La pie est friande de cerises. Elle y vient en troupe ordinairement, et rôde à l'entour, caquetant, voltigeant, comme pour bien s'assurer que personne ne veille, car ses cris attirent, elle le sait, et comme elle a l'œil de lynx, si malgré ce bruit personne n'a bougé, alors l'une s'élance sur le cerisier, puis ensuite une autre ; mais dès qu'elles en ont une elles disparaissent. Si quelqu'un fait du bruit, où si elles ont éventé le chasseur à l'affût, la vedette pousse un certain cri, et tout s'envole pour longtemps. Je ne pouvais en tuer qu'avec une patience extrême, et étant bien caché ; encore fallait-il être leste.

C'est dans les champs de maïs que la pie fait le plus de ravages. Que l'on se figure le dégât d'une bande de douze pies ! Elles entament tous les épis et en mangent la moitié. Quand une de ces troupes s'est donné rendez-vous dans un champ pareil, elles s'y installent de grand matin pendant un mois.

La pie est rusée, et cherche à dissimuler son nid. Cependant elle le pose au sommet des grands arbres ; tous lui sont bons. Mais on la voit toujours le faire, car elle le commence bien avant que les feuilles paraissent. Cependant elle observe si on la regarde; elle n'y vient que de grand matin, et un peu durant le jour, sans bruit, et y donne rapidement une façon; puis elle disparait, comme pour persuader que le nid où on l'a vue est un ancien nid abandonné.

Des cultivateurs m'ont assuré qu'elles en font jusqu'à trois, quittant ainsi ceux où on les a trop regardées faire, puis elles prennent les matériaux de celui qui est abandonné : c'est de la réflexion, car pour elles il y a là de l'ouvrage à demi-fait, et des objets tout portés.

J'ai trouvé des nids de pie placés presqu'à six pieds de terre, sur de jeunes baliveaux de taillis; j'en ai découvert un autre dans un buisson, mais il était très-bien caché, et on ne l'aurait jamais aperçu si la pie ne l'avait indiqué en entrant. Il était près de deux granges et bien à portée d'être fourni abondamment.

Parlons maintenant de la construction du nid de pie; car je pose en fait que c'est celui d'Europe où il entre le plus de combinaison et d'étoffe.

On a souvent aperçu au sommet des arbres ces nids volumineux, mais les bergers seuls savent comment ils sont faits, et les bergers n'écrivent pas. Je n'ai donc pas été peu surpris d'en considérer plusieurs que je me fis apporter avec la branche à laquelle ils tenaient.

C'est d'abord une vaste terrine en branches minces, soit de fagots secs, soit de bruyère, qui est souple et n'a pas de nodosités. Cette coque est enduite d'une couche de terre grasse qui la calfeutre complètement, puis du chaume ou quelques herbes sèches plus douces lui sont superposées avec du crin en dedans. La pie pond cinq et sept œufs tachetés d'un gris sale, ils sont plutôt ronds qu'ovales; c'est ce qu'il y a de remarquable.

Mais là ne se borne pas notre prudente pondeuse, elle sait que quoique son nid soit haut il sera visité par la fouine et par les chats, aussi s'est-elle dit : il n'y a que les épines pour les en détourner. Alors elle en entrecroise un fagot pardessus son nid. Ce sont de très-bonnes épines, et non pas du bois sec entrelacé. Il faut qu'elle ait un instinct bien sûr pour savoir ainsi se pourvoir.

Recouvert de cette tête de Méduse, aucun animal ne peut entrer, et s'il faisait mine de forcer le passage, il ne le pourrait que difficilement ; la pie serait maîtresse dans son fort, car son bec arrêterait l'assaillant, mal à l'aise déjà. Quant à elle son entrée est connue et bien dissimulée; mais personne ne pourrait la deviner, rien ne l'indique. Il faut qu'elle soulève avec la tête un certain côté, puis qu'elle se glisse adroitement.

C'est le seul oiseau de nos contrées qui

garnisse ainsi son nid pour le défendre. Je me suis souvent demandé pourquoi d'autres qu'elle, le geai, le corbeau, ne le faisaient pas; leurs nids sont presque semblables quant au fond. Les petits sont-ils sujets à tomber jeunes du nid? Si cela était elle ne le placerait pas si haut. Les carnassiers grimpants ne doivent pas être plus friands de pies que de geais, de corbeaux, qui ne cernent pas le leur d'épines.

La pie s'apprivoise avec facilité; elle parle même quand on lui coupe le fil de la langue; elle doit cette faculté à l'étendue de son cerveau, qui est très-volumineux, et dont la boîte osseuse est fort mince, car elle en a presqu'autant que le corbeau, qui est bien plus gros; puis à son talent d'imitation.

Quelquefois d'autres oiseaux s'installent dans les nids de pie; on y a trouvé récemment des œufs de moyen-duc. Cet oiseau avait enlevé les épines.

La pie se départ quelquefois de sa sauvagerie naturelle. Je l'ai vue suivre une charrue à vingt-cinq pas du laboureur, c'était en décembre; pressée par la faim elle guettait les insectes que le soc mettait à découvert. Un chasseur de ma connaissance m'a raconté qu'une pie attaquait son chien, placé à vingt-cinq pas de lui; elle l'importunait si fortement en le frappant du bec, qu'il fut contraint de la tirer, car elle ne cessait pas de harceler le chien, qui s'en défendait très-mal. Il y a là, ce me semble, une sorte d'antipathie manifestée par la pie. Il le fallait pour qu'elle osât ainsi braver un chien et un chasseur.

LE PERROQUET.

Après l'intéressant article de Buffon sur cet oiseau, au plumage varié de mille nuances, je n'ai pas le projet de le décrire encore; je veux seulement lui consacrer quelques lignes, car son histoire s'augmente tous les jours.

Le perroquet élevé parait boudeur et prendre en aversion les gens qui lui ont déplu; j'en ai observé un qui était singulièrement irritable : il aimait les enfants à la fureur, et leur faisait autant de caresses qu'un chien; il était joyeux, empressé, allait à eux, les caressait du bec, se laissait prendre et toucher avec un plaisir extrême. En revanche il détestait toutes les grandes personnes, hommes ou femmes; et si devant lui on avait l'air de caresser un enfant il était furieux; on eût dit qu'il voulait se réserver seul ce privilége, car ce n'était point par désir pour lui de ces mêmes caresses; il suffisait que ce fût un étranger. Il affectionnait son maître, c'était la seule personne qui pût le saisir; il ne voulait pas se laisser approcher, même par sa maîtresse, qui lui donnait cependant toujours à manger. Quand on prenait devant lui un enfant sur les genoux, il allait en tapinois pour mordre les jambes de la personne qui le tenait; dans ce moment il méconnaissait même son maître. Quand ces enfants avaient de 12 à 15 ans, il ne les aimait pas autant.

Quand il voulait démontrer sa grande joie, il récitait aussitôt tout son vocabulaire; c'était pour faire ses gentillesses. Cet oiseau paraissait très-bien y mettre de l'intention.

Ce grand amour pour les enfants a fait penser à son propriétaire, qui le tenait de plusieurs mains, que les enfants l'avaient caressé dans son jeune âge, et qu'il avait sans doute été maltraité par les grandes personnes.

Cet oiseau mangeait du riz cuit, de la soupe, des gaudes, etc. Il était friand de noix, qu'il épluchait avec un soin minutieux, ne mangeant jamais que l'amande nue et sans pellicule. C'était un *ara* au plumage vert.

Chez son premier maitre il ne se donna qu'à un enfant qui seul pouvait le toucher. Chez son second il commença à n'aller que vers la femme; plus tard il ne put la supporter, et se donna au mari, qui en faisait ce qu'il voulait.

On m'a cité également deux autres perroquets très-jaloux des enfants; on ne pouvait les toucher en leur présence. Si ce fait était répété, on en pourrait réellement conclure que le perroquet a une tendresse naturelle pour eux; mais à quoi tient-elle?

Les amateurs d'histoire naturelle me sauront gré, peut-être, de consigner ici un fait curieux : c'est une femelle de kakatoës blanc, qui a fait un œuf toute seule, après 15 années de cage. Cet œuf est beau, d'un blanc lustré et d'un ovale allongé. Je l'ai recueilli avec soin, et je constate ici le fait, que les naturalistes expliqueront mieux que moi.

Je ne suis pas ami du perroquet; je ne connais pas d'automate stéréotypé aussi insupportable, et je me suis demandé vingt fois dans ma vie, en voyant ces échos stupides de quelques phrases humaines, ces êtres insensibles et sans affection pour ceux qui les soignent, pourquoi ils étaient faits, ainsi que les chats, qui ne pensent jamais qu'à eux. Ces êtres sont froids et ne disent rien de sentimental au cœur de l'homme. Après cela, que l'homme lui-même se prenne d'affection pour ces deux bêtes, cela l'honore certainement, car l'homme est fait pour aimer; mais ces cœurs secs ne le méritent pas.

Buffon, en posant le perroquet sur un piédestal aussi beau, s'est laissé aller au coloris qui relève son plumage. En parcourant ce tableau, je dirai que l'illustre auteur, si riche dans ses peintures, a senti sa plume habile refléter les teintes qu'il admirait et qu'il peignait malgré lui. Amédée Pichot a décrit avec charme son perroquet, je l'excuse, c'était celui de sa mère! Il y avait là le langage de l'âme. Il est donné aux hommes d'esprit et de génie de rehausser ce qu'ils affectionnent ou ce qu'ils touchent: c'est à ce prix que le célèbre poète anglais, Cowper, immortalisa trois lièvres qu'il avait élevés.

On a peu parlé jusque-là de la durée de la vie du perroquet; cependant la chose en vaut la peine. Je tiens d'un témoin digne de foi, qu'un perroquet de mon voisinage a vécu 150 ans! Ce Mathusalem emplumé s'était transmis de père en fils dans la famille. Voilà un fait bien constaté, et l'homme qui n'atteint jamais l'âge d'un perroquet!... Cet oiseau phénoménal a passé ses jours à la *Boisse*, près Montluel, département de l'Ain.

LE SERIN.

Depuis que l'oiseau des Canaries égaie nos demeures par la vivacité de son chant et par son joli plumage, on a fait sur lui bien des remarques. Il me semble utile de rappeler celles que j'ai recueillies.

Il niche bien; mais une fois que les petits sont emplumés, le mâle s'en montre très-jaloux; il ne peut les supporter; il fait tout pour les chasser du nid, et il lui faut un souffre-douleur. A l'un il distribue des coups de bec sans nombre, à l'autre il défend la mangeoire; il ne veut pas laisser celui-là et le pourchasse toujours de la place qu'il choisit. C'est une guerre éternelle. Décidément, le serin père n'est pas né pour la vie de famille. J'oubliais de dire que dans la nichée dont je décris les tribulations, ce mâle inexorable avait entièrement plumé l'un de ses petits; et qui croirait que la force de l'habitude est si grande : ce pauvre oiseau cherchait encore à cacher son bec sous ses plumes pour dormir !

Un autre se montrera jaloux de sa propre femelle et ne la laissera pas manger ; si par charité grande on lui tend quelque chose par les barreaux de la cage, le mâle se jette sur elle pour l'empêcher de le saisir.

Il s'échappe de temps en temps des serins, et j'en ai rencontré dans quelques jardins de ville. S'il pouvait passer l'hiver, cet oiseau se naturaliserait chez nous. Puis quand vient le moment d'émigrer, il a dû en perdre le désir en même temps que ses instincts naturels, déposés de père en fils dans nos volières.

On voit quelquefois les rôles changés parmi les canaris : une femelle ne portait jamais rien à ses petits, le mâle seul avait soin d'eux ; il était si bon qu'il donnait même à manger à d'autres petits que les siens, et encore c'étaient des fauvettes qu'on avait mises dans sa cage, en outre à un jeune moineau déjà fort et pouvant se passer de lui. Mais ce qui divertit l'ami éleveur qui me raconta la chose, c'est de voir l'étonnement de ce bon serin quand il vit le moineau ouvrir son large bec; il recula effrayé, et se dit, malgré lui, dans l'abandon de sa *nutricomanie*, voilà qui n'est plus de ma race. Cependant il donna la becquée, mais un peu déconfit.

Une femelle de serin s'étant envolée, et laissant un petit avec son mâle, celui-ci, par tristesse personnelle sans doute, laissa mourir le petit de faim. Il fallait que son chagrin fût bien grand pour oublier les lois de la nature en face même de ses cris incessants!.....

Si l'on consultait tous ceux qui ont des volières, on apprendrait de très-jolies choses sur les mœurs et même sur l'intelligence du serin. J'en ai vu un qui ouvrait seul sa cage et s'en allait voltiger à volonté.

Au temps de la nichée, ces pauvres mâles solitaires se morfondent en privations. Ils appellent de partout leur femelle ; ils veulent faire un nid. On a vu l'un d'eux faire toutes les démonstrations d'un père nourricier, et donner la becquée à sa cage !

L'HIRONDELLE.

Les naturalistes ne me semblent pas avoir tout dit sur l'hirondelle.

J'ai constaté qu'elles sont sujettes à un parasite du genre diptère, qui bien qu'ayant des ailes, s'en sert peu et ne quitte l'hirondelle que lorsqu'elle meurt, ou quand elle veut s'imposer aux petits du nid.

Cette mouche est comme l'hyppobosque (1), très-aplatie et échappe à la main comme au bec de l'oiseau.

Le nid de l'hirondelle mérite un examen. Il sert de refuge à d'autres insectes qui y pondent leurs œufs et les font éclore sous l'influence de la chaleur des oiseaux; c'est

(1) Voir deuxième volume de nos *Etudes*, p. 260.

une industrie particulière qu'il est bon de signaler. Les fientes que l'on trouve autour du nid sentent le musc. C'est dans ces résidus que certaines mouches pondent leurs larves, et celles-ci vivent alors de ce qu'elles trouvent à portée.

J'ai trouvé dans un nid, après la portée du mois d'août, et le 25 :

1° La chrysalide d'une mouche longue d'un centimètre trois millimètres;

2° Un petit ver blanc, mince, long de deux centimètres, et très-vif;

3° Une douzaine de chrysalides du genre teigne, minces et un peu longues;

4° Plusieurs de ces mêmes insectes, enveloppés de leur étui, et de grosseurs diverses, se mouvant; il y en a de plusieurs âges, de jeunes, de vieilles; elles auraient donc été pondues à différentes époques?

5° Quelques poux sur les fientes collées au bord du nid.

Comme on le voit, ce nid aérien, qui ne parait pas contenir autre chose que de jeunes oiseaux, est cependant peuplé d'un grand nombre d'habitants. Il s'y établit une population hétérogène qui croit et vit sous le bénéfice de la chaleur du nid, et qui trouve sa vie à l'aide de celle des autres. Les jeunes hirondelles doivent être bien incommodées; et les grosses, nonobstant leurs poux, ont encore l'*hyppobosque-hirondiné* (1) qui les suit dans les airs, et dont elles ne peuvent se défaire. Il est naturel d'admettre que parmi les larves que j'ai vues chrysalidées, celle de cette mouche doit se trouver.

(1) Me permettra-t-on ce nom, en attendant que les entomologistes me disent le leur?

Parlons maintenant du nid. Les hirondelles, suivant les circonstances, savent bien profiter d'un appui favorable, d'un gros clou, par exemple, pour asseoir les bases de leur nid, et c'est heureux, car il se décole quelquefois. Ce nid est ordinairement tapissé de chaume très-mince, avec ou sans plumes; j'en ai trouvé quelquefois, et j'ai vérifié que ce n'était pas des leurs : il y avait des plumes de pintades, provenant de quelques-uns de ces oiseaux, nourris dans mon voisinage. Elles sont très-avides de tout ce qui est doux à employer, et si leur nid ne contient pas plus de duvet, c'est que l'hirondelle se pose difficilement et ne sait pas chercher, mais j'en ai vues saisir au vol des flocons de coton qu'on leur laissait tomber d'une croisée.

Quoiqu'on lui prenne ses petits, l'hirondelle fait deux et trois couvées dans le même nid.

On a pensé que les hirondelles revenaient au printemps pondre dans leur ancien nid ; cela peut se rencontrer. J'ai toutefois constaté un fait contraire. Pour augmenter ma collection phrénologique, j'avais pris *père, mère et petits ;* au printemps d'autres hirondelles sont venues occuper le vieux nid. Sans ma constatation péremptoire, j'aurais été le premier à dire : Voilà nos hirondelles qui reviennent dans leur nid. Ces oiseaux font trois nichées et couvent leurs œufs quoiqu'on les aît touchés ; j'en ai fait l'expérience.

En Laponie, on a trouvé des hirondelles qui passent l'hiver engourdies sous huit à dix pieds de glace ; on en a pêché au filet, qui revenaient peu à peu à la vie (1). Ce fait, que j'ai cru devoir mentionner, a été fortement mis en doute (2).

(1) Regnard, *Voyage en Laponie.*

(2) Voir Buffon, édition grand in-8°, 1839.

LE CHARDONNERET.

Ce joli oiseau ne quitte pas notre pays. Quand sa nichée peut voler il la conduit en famille, et malheur aux champs ensemencés des graines qu'il recherche ; il les a dévastés bientôt ; puis, dans les jardins, il vient exercer ses ravages sur les graines de laitue, de chicorée surtout, et s'il y rencontre des scorsonères en graines, il n'en laissera pas une à récolter. C'est un fléau que ce joli bec conique et pointu, parfaitement adapté à l'appétit de l'oiseau. C'est un des granivores les plus redoutables ; cependant il se nourrit encore d'insectes, de vers et de chenilles. Je l'ai surpris au printemps déchirant avec gourmandise des feuilles de blettes (*blitum*) ; j'avais peine à le croire, mais en approchant de ces légumes je les vis entièrement dentés en scie par les coups de bec répétés du chardonneret. Ce fait n'a pas encore été publié; il mérite d'être connu, et l'on pourra lui procurer de ces feuilles à manger en cage.

Le chardonneret donne quelquefois des marques d'intelligence faites pour étonner. Un de mes amis en possède un depuis dix ans, qui témoigne son déplaisir chaque fois que son maître sort, et sa joie quand il rentre; ce sont des cris et un tapage extraordinaire quand il s'en va; il s'agite dans sa cage, monte et descend rapidement comme pour montrer son chagrin. Et c'est bien uniquement pour son maître qu'il montre cette affection, car il y a dans le logis d'autres personnes à qui l'oiseau ne témoigne absolument rien. Il a donc contracté cette amitié par l'habitude de voir constamment près de lui ce maître, qui exerce la profession d'horloger à Bourg.

Cet oiseau singulier aime la solitude; chaque fois que l'on a tenté de lui donner une compagne de son espèce, il n'a jamais voulu la recevoir ; il n'a pu s'accorder non plus avec d'autres mâles chardonnerets, ni avec des serins. L'isolement rend égoïste, et l'égoïsme nous enlève les sentiments d'affection qui honorent la nature.

Ce chardonneret avait un bec qui s'allongeait trop en aiguille, il fallait le couper de temps en temps ; le bec croît donc comme les ongles ?

J'ai vu un chardonneret âgé de 11 ans, et complètement aveugle ; il n'en continuait pas moins sa vie habituelle. Il se perchait toujours juste, allait boire et manger comme d'ordinaire. Dans cet état on ne peut nier qu'il ne fît un calcul de mémoire. Comment retrouvait-il ses distances ? L'homme, avec son cerveau développé, s'il est aveugle *ne peut rien* sans tâter avec la main ou avec son bâton. Quel enseignement !.......

J'ai vu également un autre chardonneret

de 11 ans; ce fait démontre qu'il arrive facilement à cet âge. C'est là, pour une faible et petite créature, une longévité bien remarquable. Mais je ne dis plus rien, en songeant au noir corbeau qui vit cent ans!.....

LA HUPPE.

Je dois réhabiliter la huppe, regardée par le vulgaire comme un type de malpropreté. Son nid présente, il est vrai, un amas de fientes infectes, mais cela tient à la nécessité de sa position; car dans l'état de liberté la huppe est très-propre. On a remarqué même, qu'élevée dans nos appartements, elle ne fiente jamais sur les meubles, sur les chaises ou les personnes, et qu'elle se retire dans un coin choisi par elle, où elle va constamment déposer ses fientes. Ainsi, ce rare et bel oiseau mérite d'habiter avec nous. Mais ce qui devrait nous l'attacher davantage c'est son goût prononcé pour la musique. On en cite une qui venait d'elle-même, quand sa maîtresse jouait, se poser sur le piano, et qui ne le quittait que lorsqu'on cessait d'en jouer.

LE MERLE.

Ce noir voisin de nos campagnes, ce siffleur malencontreux des villes, disparaitra bientôt de nos contrées. On lui fait une guerre à outrance. Les lacets ont détruit les merles en Bresse; puis les bergers, sans pitié, dérobent leurs nids presqu'avant que les œufs y soient pondus. C'est dommage, car cet oiseau pittoresque et original par son cri, était nécessaire à l'harmonie de nos champs. Le peuple était son ami; il se voyait dans toutes les cages, à la campagne surtout; puis, quand les cerises montraient leur corail ou leur ébène, l'affût aux merles venait tenter les gourmands de gibier; les bois silencieux retentissaient à l'aube du jour du bruit foudroyant de la poudre! Salut à ces doux passe-temps; salut aux souvenirs champêtres!

Buffon dit que le nid du merle ressemble à celui de la grive, et qu'on y trouve de la mousse, du limon; je n'en ai jamais rencontré dans ceux que l'on m'a apportés, et ceux des grives, haut perchés sur les peupliers d'Italie, et sur quelques chênes des forêts, n'en contiennent pas non plus. Il est fait avec de la grande mousse qui l'entoure; puis de la terre glaise, des racines d'arbrisseaux entrelacées, et enfin au fond, en dedans, des herbes fines et souples. Il repose en Bresse sur des chênes étêtés, invisible à l'œil, car il est sur le tronc même.

Quant aux œufs, Buffon les décrit exactement; mais j'ajoute que la couleur en varie assez souvent.

L'hiver, le merle se réfugie dans les lieux voisins des fontaines chaudes. Mais pourquoi? Voilà ce que Buffon ne dit pas. C'est qu'il y trouve des mollusques de diverses sortes : ayant ouvert le gésier d'un merle pris en hiver pendant un long séjour de la neige, il était entièrement plein de coquillages; j'y comptai vingt-deux *succinia amphibia*, et dix *hélices* très-arrondies, de petite espèce. Ces coquillages étaient devenus jaune d'ambre par leur séjour dans le gésier de l'animal. On voit par là que les merles sont habiles à trouver leur nourriture sur le bord des eaux, et que leur estomac contient une grande quantité de matières.

La chair de ce merle était amère, et fort grasse malgré la saison.

L'hiver le merle a un vol lourd, ses plumes sont bouffantes; on voit qu'il est à la diète. Il recherche alors les graines d'asperge.

LA GRIVE.

Je ne cite cet oiseau que parce qu'il égaie au premier printemps nos bois solitaires; son chant *perpétuel* est sonore; on dirait un *moqueur;* loin d'être uniforme, j'ai remarqué quatre ou cinq phrases différentes. Les œufs de cette grive sont d'un bleu clair superbe. Depuis plus de dix ans que je fais des observations à la campagne sur le retour des oiseaux, j'ai toujours entendu des grives aux mêmes endroits, c'est-à-dire tout près de mon habitation. Sont-ce les mêmes qui reviennent?

1. LE MERLE DE ROCHE. — 2. LE MERLE D'EAU.

1. Ce charmant oiseau, au ventre jaune d'or, au cou damé de noir et blanc, est très-rare et peu connu. Notre département le recèle cependant, et ce n'est pas un faible honneur pour lui que de voir le Bugey être cité par Buffon comme un des lieux privilégiés qui le possèdent. Son chant, que l'on compare à celui de la fauvette, est fort agréable; mais vainement cherchera-t-on à l'élever en cage, cet habitant des rochers ne saurait se faire longtemps au séjour d'une étroite prison.

Qu'il est à regretter que, sans pitié comme sans réflexion, le premier chasseur venu fasse feu sur ce bel oiseau! Si son nid était aussi plus respecté, nous verrions nos rochers si déserts peuplés comme à l'envi de ce merle curieux. Mais hélas, il faut encore que sa chair soit bonne, et l'homme, carnivore affamé, en fait sa proie ardente et désirée! Vainement l'oiseau suspend son nid aux voûtes inaccessibles des rocs; l'homme n'atteint-il pas partout? Les habitudes du merle de roche sont toutes particulières. Je renvoie à Buffon ceux qui voudront les connaître.

2. *Merle d'eau.* — C'est vainement que j'ai parcouru Buffon pour y chercher cet autre merle, plus rare encore et non moins curieux. On le trouve aussi dans l'Ain, à la *Burbanche*, commune montagneuse du Bugey. Là ce singulier volatile passe des jours calmes et ignorés. Rien n'est attrayant pourtant comme d'être placé à l'affût pour surprendre quelqu'une de ses habitudes. Il chérit le bord des ruisseaux touffus; le murmure de l'eau semble le fasciner, car on le voit papillonner ou se tenir au-dessus sans défiance aucune; on l'approche dans cet instant de béatitude complète; puis tout d'un coup

il se laisse choir sur l'eau, là où il peut faire pied, et s'abandonne aussi au courant en se laissant nager, quelque rapide qu'il soit. Ce véhicule moëlleux lui sourit. Pourquoi le recherche-t-il? Pour trouver sa nourriture, peut-être. Mais quelle est-elle? Sont-ce des baies ou des graines entraînées par le courant, puis retenues par quelque remous, où sa course d'elle-même s'arrête? Sont-ce des insectes ou des poissons qu'il va saisir? Il cherche en effet à prendre les vers et les petits poissons dont on l'a vu se repaître. Ici s'arrêtent les observations, mais je tiens de témoins oculaires ce que je rapporte, et je crois qu'on lira avec plaisir cette incomplète description. La forme du corps du merle d'eau est appropriée à ses exercices journaliers; c'est une sorte de conque qui surnage facilement; son plumage est hydrofuge, comme celui des aquatiques, aussi reste-t-il imperméable tant que l'oiseau est en vie; s'il meurt les plumes se mouillent. Je ne puis rien dire de son nid, si ce n'est qu'il le place dans le creux des saules ou dans des trous de rochers voisins des ruisseaux qu'il fréquente. Mais, par malheur aussi, cet oiseau, dont l'existence est bien constatée, est un fort bon manger. Nous devons nous attendre à ce que cette intéressante variété disparaisse bientôt de la terre devant notre impardonnable gloutonnerie!

Le merle d'eau, avec ses plumes courtes et roses, parait plus petit que le merle ordinaire, mais quand il est plumé son corps est aussi gros. Il est jaune mat doré sous le ventre, d'un blanc pur sous le cou, et son dos est gris cendré.

LES FAUVETTES.

Les fauvettes sont, après le rossignol, les oiseaux qui charment le plus nos bocages, surtout la fauvette gris roux. Elles sont nombreuses par leurs variétés. Celle dont je parle est appelée vulgairement *buchon* en Bresse.

Elle fait son nid avec de petits brins d'herbe sèche et mince, sans feuilles, bien arrangés en rond; cette herbe est toujours la même; je ne sais où elle la prend. Elle pose un peu de crin au fond du nid, et y pond cinq œufs presque ronds, de couleur terne. Ce qu'il y a de joli, c'est que cet oiseau modifie son nid suivant les circonstances. Il est posé d'ordinaire dans les buissons touffus; j'en ai trouvé à terre dans l'herbe haute d'une prairie, c'est une exception évidente; j'en ai pris un autre, qui était posé sur le bord de l'eau, et construit sur trois tiges de ronces faisant une sorte d'entonnoir. Ici l'oiseau avait vaincu plus d'une difficulté, car son nid s'étendait en cône très-long, dont le but était de former une base au point de jonction des trois branches; puis il se terminait comme à l'ordinaire. Comme on le voit il avait un volume inaccoutumé, aussi était-il bien visible, et, grâce à cette faute de l'ouvrier, un berger malin l'eût d'abord aperçu. C'est à cette circonstance que je dois d'en parler aujourd'hui.

La propreté du nid de fauvette est très-grande. Comme il est enfoncé, les fientes l'infecteraient bientôt sans l'instinct de propreté que leur a donné la nature. Les jeunes oiseaux fientent en mesure et l'un après l'autre; le premier qui commence grimpe sur ses frères et lance sa déjection, qui, étant élastique et consistante, glisse sur le bord du nid; un autre lui succède, et, à tour de rôle, toute la couvée se soulage. Quand les petits sont plus jeunes les père et mère y suppléent avec le bec.

Il y a une autre variété de fauvette, celle d'hiver, qui vit très-solitaire, se cachant avec soin, et très-jalouse de son nid; fait avec du lichen et des toiles d'araignées, il est mou, et c'est pourquoi l'oiseau le pose sur un corps solide; celui dont je parle était dans mon jardin, sur un os de treillage, et caché par le cordon d'une vigne. Les œufs qu'elle pond sont olivâtres,ovale-allongés et tâchetés de brun rougeâtre. En ayant pris un pour le conserver, je me suis aperçu que la femelle n'y touchait plus, et qu'elle abandonnait son nid. Ainsi, cette fauvette est du nombre des oiseaux qui se découragent et qui connaissent, je ne sais par quel instinct, qu'on a pris ou touché quelques-uns de leurs œufs. Ces oiseaux sont ainsi éloignés de la civilisation en ce sens qu'ils ont conservé leur naturel sauvage.

En discourant sur les fauvettes, je ne

saurais assez parler du nid que fait celle dite *des roseaux*. Elle est connue dans le public sous le nom de *cri-cra*, mots qui rendent assez bien son cri naturel. Quand la fauvette veut construire son nid, comme elle aime le bord des eaux, elle choisit trois tiges de roseau (*arundo donax*) qui s'entrecroisent en triangle et au sommet, c'est-à-dire du côté de l'eau; elle pose quelques herbes humides et molles qu'elle entrelace sur les trois branches, puis elle tresse le fond du nid de telle sorte qu'il soit solide et mobile; c'est là que l'instinct de ce petit oiseau est remarquable, car, étant près de l'eau, il est exposé à être submergé suivant les circonstances, et, pour y parer, la fauvette a eu soin que les anneaux de son nid soient assez ouverts pour jouer dans les tiges qui le portent, de façon qu'il monte avec les eaux et ne soit jamais atteint.

En contemplant ce joli nid, on se demande comment cet oiseau s'y prend pour le construire et entourer si bien les branches qui le soutiennent. !

La fauvette grise (*buchon*) fait beaucoup de mal dans un jardin; elle mange les fraises, les groseilles, les prunes, les poires fines, les raisins à mesure qu'ils mûrissent. C'est un fléau que le voisinage d'un nid de cet oiseau. Elles piquent les têtes de pavots et font beaucoup de mal dans les champs qui en sont ensemencés. Afin d'avoir le menu grain, elles savent piquer les coques par dessous, et le grain coule dans leur gosier par cette trémie improvisée.

La fauvette d'hiver paraît refaire son nid, une autre année, à la même place. J'avais enlevé celui dont j'ai parlé plus haut; l'année suivante, des fauvettes de cette variété nichaient à la même place. Il serait trop extraordinaire que d'autres y fussent venues; elles auraient donc trouvé le même endroit propice. Cette fauvette est rare ; c'était la première fois que j'en voyais. Il aurait encore fallu qu'un couple cherchant fortune vînt aussi tout exprès dans mon jardin y découvrir l'ancien nid.

L'ALOUETTE.

L'alouette niche dans nos pays. Quand elle s'élève dans les airs au mois de mars, pour chanter les merveilles de la nature renaissante, les cultivateurs disent que les gelées sont finies.

L'alouette se rassemble en troupes nombreuses, et parait passer l'hiver chez nous; on en prend en janvier avec le filet qu'on traine la nuit.

L'alouette, en octobre, mange la graine de mercuriale, et une foule d'autres petites graines semblables; son gésier en est boursoufflé; aussi engraisse-t-elle bien. Ce qui m'a étonné, c'est d'en avoir mangé de fort grasses au mois de janvier, alors que la terre était gelée depuis plus de deux mois, et couverte de neige depuis quinze jours. De quoi vivaient donc ces alouettes?

Leur gésier ouvert était plein de petits quartz blancs, de pierres calcaires, brunes, fauves, d'herbes et de sable fin. Quelle est cette herbe? Elles la mangent gelée; son action est très-forte sur l'animal, car ses intestins en étaient verts. Ainsi, l'alouette engraisse en hiver, tandis qu'elle est maigre tout le reste de l'année; puis, c'est pendant que règne la disette pour les autres oiseaux qu'elle trouve à se substenter avec profit.

Je crois que pendant les gelées l'alouette vit sur le bord des ruisseaux; c'est là qu'elle trouve ce sable et ces graviers, qu'elle ne pourrait extraire ailleurs d'un sol gelé. Le suc de l'herbe contenue dans le gésier de celles que j'ai eues colorait l'eau en vert.

LA PIE-GRIÈCHE.

Il y a plusieurs variétés de pies-grièches. Je ne parlerai que de celle qui porte en Bresse le nom de *tartavaux*, donné à l'occasion de son cri. En Comté on la nomme *penguillard*, parce qu'en effet son attitude est de se pendre aux branches en se posant ; il se met toujours au sommet, se laisse approcher et tuer facilement ; il est fort gras du 1er au 20 août, époque où on le chasse, car il part vers la fin du mois. La chair de cet oiseau est excellente, bien qu'il ait un gros bec ; c'est l'ortolan du pays, mais il devient rare tous les jours, car de plus en plus les bergers détruisent tous les nids.

Cette pie-grièche est plus grosse que le moineau ; elle a le dos rougeâtre, et le dessous du menton noir, le ventre blanchâtre.

Cet oiseau est courageux, alerte et vif; il ne laisse approcher de son nid aucune pie ni geai, et tous les oiseaux en un mot; il les attaque, fait un vacarme très-fort jusqu'à ce qu'ils se soient éloignés. Malheureusement ils indiquent ainsi leur nid aux bergers qui les prennent sans pitié.

Ce nid est fait dans le genre de celui de la fauvette ordinaire (*buchon*), mais il est plus gros, et proportionné à l'oiseau, qui y pond cinq œufs dont le fond est rosé, et le gros côté tiqueté de tâches rousses dans certains nids, et terre d'ombre dans quelques autres. Ces œufs sont remarquables par une sorte d'anneau de cette couleur, qui les entoure à peu près vers le milieu.

LA PERDRIX.

La perdrix grise est la poule sauvage, car elle a pour ses petits les mêmes soins et le même dévouement que notre poule. Elle conduit sa couvée avec un art merveilleux, et sait trouver ce qui lui convient à tous les âges. Les nids de fourmis sont souvent visités dans les premiers jours de l'éclosion des petits. Il y a bien d'autres insectes propices que la mère perdrix sait trouver, et que nous ne connaissons pas encore, aussi nous est-il très-difficile d'élever de jeunes perdreaux. On donnait naguères comme seul moyen possible, de faire éclore les œufs sous une poule, et de lâcher celle-ci dans les champs avec ses petits; cela sera bon quand la poule ne tiendra pas à rentrer le soir au bercail, ce qui me paraît impossible.

La mère perdrix, quand elle est poursuivie, fait la blessée devant les chiens pour les éloigner de ses petits; il semble qu'elle leur tienne tête, car mon chien braque m'en a pris une qui cherchait à le détourner du voisinage de sa couvée.

La perdrix a bonne mémoire; dès qu'elle a été un peu chassée elle est alerte et sur le qui-vive; on ne peut plus l'approcher. Souvent le mâle trop pourchassé emmène la compagnie dans un autre pays. Quand une perdrix a été prise à la *traînasse* (sorte de filet de nuit), si on la manque elle ne se laissera plus reprendre avec cet engin, elle connait le danger et l'évite.

Ses œufs sont de couleur jaune-sale; ceux de la perdrix rouge sont d'un joli rosé jaune. Buffon ne parle pas de cette couleur pourtant très-certaine.

La perdrix s'apprivoise bien; mais pour que son éducation obtînt quelques fruits, il faudrait qu'elle fût toujours avec les mêmes personnes, et sans être effarouchée.

J'emprunte à M. Tourneux, de Tarn-et-Garonne, un fait remarquable de fascination, exercé par la perdrix. Elle est friande de sauterelles, et dans les bois il s'en trouve beaucoup; mais ces insectes sauteurs sont très-difficiles à prendre, et M. Tourneux, qui se promenait avec ses perdrix privées, ne pouvait pas en saisir une. Ces dernières, au contraire, les attrapaient toutes : « Aussitôt qu'elles se trouvaient en présence d'une perdrix, frappées de stupeur, elles se laissaient prendre, comme résignées à une mort qu'elles ne pouvaient éviter (1). » Voilà un fait de plus pour établir que les animaux ont une faculté de fascination qu'on ne saurait plus nier désormais. Voir mon article *Porc*, dans le quatrième volume.

(1) *Recueil agronomique de Tarn-et-Garonne*, 1848, p. 62.

Après le moineau, la perdrix rouge et la caille, la perdrix grise est de tous les oiseaux le plus ardent en amour.

LA CAILLE.

Cet oiseau a toutes les habitudes de la perdrix; seulement, quand ses cailleteaux sont forts elle ne les emmène pas en vol comme elle. Mais son affection maternelle est aussi grande; elle sait les élever et les conduire vers la nourriture qui leur convient, et qu'elle seule connait. Il n'est pas donné à l'homme de pouvoir nourrir ces tendres poussins, si légers, si délicats; il faut les soins et l'œil d'une mère.

Je connais un trait touchant de l'amour maternel de la caille. On sait d'abord qu'elle se laisse faucher sur son nid plutôt que de le quitter, mais le fait suivant est plus intéressant : on avait pris les cailleteaux et la mère, on la garda quelque temps en cage, puis on la faisait sortir sans ses petits; elle revenait seule auprès d'eux, se laissait prendre, et s'en retournait pour revenir encore.

Ici c'est de l'amour; j'ai vu l'amitié produire une sympathie pareille entre deux tourterelles. J'en avais élevé deux jeunes, quand elles purent voler l'une d'elles s'envola un jour : la nuit se passa, et je lui disais adieu, car c'était en ville, et je pensai que mon étourdie ne saurait pas retrouver sa compagne lors même qu'elle le voudrait. A mon grand étonnement, le lendemain ma fugitive rôdait autour de la cage de la détenue; usant de ruses, je parvins à la reprendre. Je vois là un trait d'amitié, car mes tourterelles n'étaient pas adultes et naissaient à peine à la vie réelle. Je suppose que c'est le mâle qui partit, parce qu'il annonçait dans ses allures quelque chose de plus prononcé; puis il faut admettre encore que c'était un mâle et une femelle que j'avais, car la nature fait bien son possible pour apparier les deux seuls petits des tourterelles, mais il arrive souvent qu'il y a deux mâles ou deux femelles; il en est de même pour le pigeon. En enregistrant ce trait touchant de ressouvenir, je me rappelai la fable des deux pigeons de notre *inimitable*. Cette fidélité, anticipée si l'on veut, s'exerçant avant que la nature ait parlé, est bonne à noter comme encore à contempler avec une certaine admiration qui confond la légèreté humaine, si proverbiale!

LE PIC-VERT.

Le pic est un type à part, bien qu'il existe dans son voisinage de petits grimpereaux, dont les allures et les habitudes ressemblent aux siennes; on les aperçoit peu, tandis que lui on le voit et on l'entend. Son cri annonce, dit-on, un changement de temps; c'est pour cela que quelques personnes le surnomment le *procureur des meuniers*. Il y a des jours où il le pousse fréquemment. Il est si singulier qu'il ne ressemble à aucun autre; il imite un rire grossier, et m'a fait souvent songer à baptiser cet oiseau du nom de *moqueur d'Europe*.

Le pic vit solitaire et attrape les fourmis qui se posent sur sa langue, très-longue et étendue à dessein sur les branches d'arbres où il se tient immobile et couché.

Il niche dans les troncs d'arbres; le tremble est le plus propice, parce que cet arbre, qui n'aime pas le fer, se pourrit à la place des branches coupées; l'intérieur est promptement vicié, et le pic, avec son bec, déblaie le bois mort et s'établit sur le terreau. Il y pond des œufs d'un blanc pur et lissé comme l'ivoire.

On a remarqué une des habitudes du pic, qui frappe contre un tronc d'arbre, et va promptement regarder derrière. On a cru que c'était pour faire sortir des insectes; il est plus juste de croire que c'est pour sonder l'écorce et s'assurer par le son qu'elle rend s'il y a des vers qui rongent en dessous. On sait qu'il en existe; le fameux cossus, que mangeaient les Romains, laboure l'aubier de nos chênes, et souvent, ou lui ou ses congénères attaquent nos arbres fruitiers. Van-Mons, le savant pomologiste, a remarqué que quand le pic-vert hante des vergers, c'est un indice certain que les arbres sont rongés par ce cossus ou autre larve d'un gros coléoptère nommé *hoornkever* en flamand.

Le pic lui fait la chasse et perfore l'arbre pour l'atteindre; il contremine sa galerie pour se trouver avec lui face à face, et toujours il rencontre juste. Ainsi, comme on le voit, si le pic va regarder de l'autre côté de l'arbre, c'est pour s'assurer du ver, et s'il frappe c'est pour découvrir où il se tient (1).

(1) Van-Mons, *Pomonomie belge*, t. I, p. 384.

LE COUCOU.

Cet oiseau, célèbre dans un certain monde par les allusions malignes auxquelles il donne lieu, a été décrit par les naturalistes. Peu de personnes en ont vu, si ce n'est dans les collections ornithologiques. Buffon s'étend longuement sur cet oiseau pour réfuter les sottises accréditées sur ses habitudes. Elles sont peu connues, et cela s'explique par la façon tout inusitée dont il vient au monde. Ceux qui jusqu'à présent ont écrit sur le coucou manquent de détails précis. Pour observer bien il faut être à portée de l'oiseau, et l'avoir suivi dans tous ses mouvements.

J'ai eu occasion de faire sur le coucou des remarques auxquelles j'étais loin de m'attendre en possédant un simple et jeune oiseau.

Il avait été pris dans un nid de fauvette; il l'occupait à lui seul. On doit donc déjà conclure que le coucou avait pondu dans un nid vide, ou qu'il avait détruit les œufs des fauvettes. Disons d'abord qu'il est très-curieux que de petits oiseaux couvent et élèvent, en place des leurs, de jeunes coucous. Il faut qu'il se nourrisse des mêmes aliments que les oiseaux ses pères nourriciers.

Le coucou, quand il le peut, détruit les œufs des autres oiseaux avant de déposer le sien à la place.

On m'a remis aussi un œuf de coucou trouvé seul dans un nid de mésange. La femelle est forcée, dit-on, de pondre ainsi pour dérober sa géniture à son mâle.

L'attitude du jeune coucou devait être spéciale dans ce nid de fauvette étroit pour lui; il porte le cou en arrière, s'appuyant l'occiput sur le dos; deux coucous ne tiendraient pas dans un pareil espace, aussi la femelle, si elle pond plusieurs œufs, doit les distribuer dans d'autres nids.

En grandissant le jeune coucou remplit bientôt tout le nid, alors il tient les ailes ouvertes et les pose sur le bord, mais elles sont très-courtes et c'est afin, peut-être, vu la destination imposée à l'oiseau, de ne pas déborder trop ce nid et de le décéler.

Le coucou femelle doit avoir l'instinct de l'observation, afin de découvrir les nids où elle doit pondre un jour, car elle sait les choisir le plus caché possible.

On m'apporta deux jeunes coucous pris dans des nids différents; l'un mourut jeune, et l'autre m'a fourni des remarques dont j'aurai à parler.

Je crois cet oiseau destiné à tomber du nid, car quand on le pose à terre il a des attitudes extraordinaires : si on lui présente un chat ou un chien, il fait le gros dos, se hérisse les plumes du cou, puis allonge le corps et se fait aussi hideux que possible ; son plumage sombre, tacheté de gris et de jaune clair, se prête parfaitement aux intentions de l'oiseau. Je comprends que dans cette attitude, quelques ennemis faibles doivent reculer; dans le nid cet instinct défensif lui serait inutile, il ne peut lui servir qu'étant à terre, où il est sans doute sujet à tomber quand le nid n'y est pas posé.

Le coucou n'est pas beau : il a l'œil gros et saillant, ce qui donne à sa tête un aspect étrange; il lui prête un air triste et morne; on dirait d'un oiseau crépusculaire que le grand jour fatigue. Mon jeune coucou ne se privait pas. Il restait sombre et sauvage. Doit-on s'en étonner ? La vie de cet oiseau n'est-elle pas exceptionnelle, et connait-il les sympathies de la famille!

Il arrive chez nous dans les premiers jours d'avril, et chante dans tous les lieux qu'il traverse; mais il ne se fixe que là où il se trouve bien. J'ai noté depuis dix ans le jour de son arrivée dans ma propriété de la Garde à Vonnas. Les bois de Béost en sont distants d'une heure; les gens de la campagne, bons observateurs, ont remarqué que *lorsqu'il chante à Béost le lendemain il est à la Garde*, et c'est là où il se fixe chaque fois.

J'ai souvent surpris des coucous dans l'intérieur des futaies, ils voltigent dans le bas des gros arbres et se tiennent cramponnés aux grosses branches et aux troncs; leur plumage se confond avec la couleur de l'écorce, et s'ils ne bougent pas on ne peut les découvrir; c'est un instinct de conservation.

LE LORIOT.

Ce bel oiseau, au plumage d'or, habite longtemps notre pays; depuis les premiers jours du printemps jusqu'au 30 août, je l'ai vu et entendu. On en détruit fort peu, car il ne se laisse pas approcher; ce n'est qu'à l'affût, sous les cerisiers, qu'on parvient à le surprendre. Quand il a sa nichée autour de lui, et qu'il veut la conduire à la curée, il chante beaucoup, et par là indique son approche; cela annonce peu de ruse de la part de cet oiseau. Après la pie, qui fait son bruit à dessein, je ne connais pas un seul oiseau qui vienne au cerisier en s'annonçant par des cris. Je pense qu'en chantant sur le cerisier, où il est déjà, le but du Loriot est de faire connaître à ses petits qu'ils peuvent arriver sans danger.

La couleur jaune des principales plumes

du loriot communique sa teinte aux os et à la chair de l'oiseau ; les os surtout sont jaunes et transparents. C'est l'essence de cet oiseau qui est ainsi, car sa nourriture n'a rien d'exceptionnel qui puisse la déterminer.

Je cite surtout le loriot pour son nid. Je ne saurais mieux le comparer pour sa forme et sa *juxtà-position*, qu'à ces nids de poules tressés en paille, usités dans la Bresse. L'oiseau le suspend à une branche horizontale, ayant une ramification de cette sorte qu'il a attachée par quatre bouts ; mais c'est le soin qu'il prend de contourner les branches avec les pailles flexibles de son nid, qui est inexplicable. Cette demeure aérienne est difficile à découvrir, car on ne va pas la supposer ainsi appendue.

Les œufs du loriot sont ovales, égaux aux deux bouts ; d'un joli fond blanc avec des taches brunes, courtes et parsemées à l'entour. Buffon dit que le fond est blanc sale, sans doute que les œufs qu'il aura vus étaient couvés en partie, ce qui altère la couleur naturelle.

Suivant Buffon, le loriot ne vit pas en troupe; cependant la nichée reste longtemps avec les père et mère, qui la conduisent à la pâture. J'ai souvent observé leur manège sur un cerisier près duquel je m'embusquais à l'affût : le père ou la mère commençaient à venir s'y poser, puis chantaient pendant un certain temps; ils semblaient vouloir s'assurer que personne ne bougeait dans le voisinage; tantôt c'était le cri *yo, yo, yo,* si connu; tantôt cette sorte de miaulement qui leur est particulier; ce dernier est excitant pour le chasseur. Cependant rien n'arrivait; mais au bout d'un instant, la nichée accourait en masse et se posait sans examen, picorant à la hâte. Ce manège durait tout l'été; les petits, qui se tenaient à couvert sous un bois voisin, ne venaient que quand le père ou la mère avaient ainsi rappelé pendant un bon moment.

Tous les ans il y en a une nichée près de moi dans le même bois ; cela prouve que cet oiseau affectionne les lieux qu'il connait, et qu'il y revient. Sont-ce les vieux, ou les jeunes? Je pense que ce sont les vieux qui ont leur affection de souvenir ; si c'étaient les jeunes, toute la nichée s'établirait vers l'ancien nid, et nous n'en verrions pas exister *rien qu'un seul*.

Cette vie de famille, qui se prolonge ainsi chez le loriot, est un fait rare dans l'espèce ailée, surtout parmi les oiseaux qui se perchent. Cependant, le chardonneret la possède ; on voit longtemps aussi la nichée suivre les père et mère.

IV. — OISEAUX IMPOTENTS. — LEURS MALADIES.

C'est un chapitre nouveau à faire que celui-ci, il ne serait pas le moins intéressant ; j'essaierai de le commencer.

Les oiseaux périssent souvent l'hiver. L'excès du froid y contribue, la privation de nourriture y ajoute encore ses horreurs. Quand la neige persiste longtemps on voit des bandes d'affamés, rôdant autour des demeures. Le merle, si fin et si sauvage, s'approche des maisons, vient jusqu'à leurs portes glaner quelque chose dans les jardins; ce baccivore est alors enchanté de faire la fête aux graines de l'asperge. Il hante aussi le bord des eaux courantes, et se repait de mollusques divers dont il nous signale ainsi l'existence. Ayant ouvert un gésier de merle pris en janvier, je le trouvai plein de coquillages de deux variétés; il y avait une petite *hélice*, puis des *succinia amphibia* (1).

Je les ai conservés dans ma collection. Ainsi, le merle a des ressources que d'autres oiseaux n'ont pas; sa nourriture consiste en baies de tout genre, et cependant il lui faut des animalcules pour l'hiver. Cette pâture lui communique une amertume extrême, et en général en France cet oiseau n'est bon qu'après avoir piqué le raisin. On sait que celui de Corse vit de baies de myrthe, aussi est-il avec raison recherché par les gourmands. C'est le genre de nourriture qui communique à la chair, comme on le voit, tout ce qu'elle peut acquérir de savoureux.

Maladies. — Il n'est pas douteux que les oiseaux ont aussi leurs infirmités, mais nous sommes peu à portée de les observer. Souvent en cage il en meurt

(1) Voir mon article *Merle*.

sans que l'on puisse dire comment cela est arrivé. Les jeunes oiseaux pris dans leurs nids y sont sujets; il y en a de délicats qui mangent ce que nous leur donnons, mais qui en souffrent plus ou moins parce que cela ne leur convient pas. L'oiseau a ses répugnances presqu'invincibles. Les éleveurs savent que pour changer leur nourriture habituelle, il faut la mêler avec le grain qu'on veut leur faire adopter, et ce n'est qu'avec le temps encore qu'ils s'y accoutument.

De jeunes alouettes nourries au pain mêlé de fromage blanc, ont péri au bout de deux jours. Je crois cet oiseau très-attaché au sol qui l'a vu naître et à ses père et mère; il lui faut le sillon où gît son nid, et le grand air de la liberté pour vivre. Il est très-rare que l'on puisse élever des petits.

Il y a des oiseaux qui meurent de chagrin, bien qu'ils aient eu l'air de supporter la cage. On ne peut attribuer à d'autres causes la mort de ceux qui succombent tout d'un coup avec un air de santé. Mais il est vrai de dire que l'on remarquait en eux l'effet de la privation de leur liberté; c'est en vain qu'on leur adjoignait quelque compagnon, ils n'en supportaient aucun, ni mâle, ni femelle.

Le geai est sujet à l'épilepsie, c'est là un fait remarquable et qui se reproduit à nos yeux de temps en temps chez d'autres oiseaux.

On a quelquefois trouvé des petits de pie, morts dans le nid; ou les pères avaient été tués, ou ils avaient abandonné et mal nourri leur nichée.

Dans l'état de domesticité, certains oiseaux éprouvent des changements dans leur état physique. Le chardonneret voit son bec s'allonger, les bouts se croiser au point qu'il ne peut plus manger si on ne lui rogne ces crochets malencontreux. Le *bec croisé* existe pourtant dans la nature, mais, selon Buffon, c'est une exception. Cet oiseau mange par côté, et détache ainsi les graines des pommes de pin.

Un autre aura les ongles trop longs de moitié, il faudra les couper de temps en temps.

Parmi les becs singuliers, on peut citer celui du hideux flamand, du pélican, de la spatule, et l'avocette, qui en a un recourbé en l'air. Tous ces oiseaux mangent différemment des autres, mais c'est un véritable instinct particulier que la nature leur a donné pour s'en servir; ils y parviennent avec beaucoup d'adresse.

Les gallinacées sont sujettes à la *pépie*, au *bouton*, au *cours de ventre*, à la *constipation;* toutes les ménagères savent cela.

Rosier enregistre d'autres affections des

volailles : l'*ophtalmie*, le *pylore*, le *catarrhe*, l'*étisie* ou *phthisie*, la *goutte*, la *mue*.

J'ai vu plusieurs jeunes poules et poulets être atteints, vers les premiers jours de septembre, d'une affection pénible à voir : ces volatiles sont couchés au soleil, qu'ils recherchent ; ils ont les pattes en l'air, la tête en bas, et restent sans mouvements ; c'est une sorte de torpeur qu'ils semblent éprouver, car ils ont l'œil hagard ; si on les bouge, ils se laissent tortiller, puis ils font un effort pour se lever et marcher, s'ils y parviennent, ce qui est rare, ils retombent aussitôt.

Le jeune dindon est très-délicat, jusqu'à ce qu'il ait pris le *rouge;* il en périt beaucoup dans le jeune âge, et il faut des soins extrêmes pour l'y amener. En changeant de climat, les gros dindons sont exposés aussi à d'autres maladies. En ayant introduit dans une campagne de Bresse, ils vivaient mal, étaient tristes ;

puis, l'humidité du sol et de l'air leur convenant peu, ils enflaient à la tête, et leurs yeux étaient noyés dans une humeur séreuse qui coulait quand on perçait la peau; le mal ne put guérir.

On m'apporta un jour une perdrix adulte élevée en cage, cette bête avait le bec croisé; il lui était impossible de manger, on devait l'embecquer.

J'ai tué un merle qui était manchot; il n'avait qu'une patte, l'autre était coupée à l'articulation du *genou*. Cet oiseau vivait très-bien ainsi, il lui fallait plus d'adresse pour se poser, mais l'habitude est une seconde nature. Sans doute un plomb de chasse lui avait brisé la patte, et avec le bec l'oiseau s'en était débarrassé.

Les borgnes ne manquent pas non plus dans l'espèce volatile. Elle est comme nous sujette aux accidents et aux coups qui souvent nous privent de la vue.

J'ai observé plusieurs fois sur mes jeunes pigeons différents maux.

Verrues. — Ils ont quelquefois des verrues par le corps, au bec, aux pattes; ce sont des excroissances sèches, fendillées, hideuses. D'où vient ce mal? Je les tiens cependant propres, et les nids sont bien nettoyés. Je trouvai un jour plus de vingt jeunes pigeons à terre, et morts; ils commençaient à se garnir de plumes; ils n'avaient absolument rien dans le gésier. Ils sont morts de faim, je le suppose, mais comment expliquer que leurs père et mère les aient ainsi abandonnés. Il en tombe quelquefois du nid, mais ils ne se tuent pas et les père et mère les nourrissent. Je sais que les chasseurs tuent quelquefois les pères et mères, alors leurs petits meurent de faim; mais ici la mortalité dont je parle avait une autre origine.

Il y a donc sur les jeunes pigeons une mortalité dont on ignore la cause.

La mue, sans être une affection morbide, est cependant une sorte de mal périodique auquel les êtres emplumés sont sujets ordinairement en été. Nous devons donc la ranger parmi les maladies des oiseaux.

L'épilepsie est assez fréquente chez certains oiseaux; outre le geai, le perroquet et le serin y sont exposés. Ce dernier souffre souvent de l'*épuisement* produit par excès d'amour satisfait ou trop contenu, comme encore par surcroît de soins donnés à ses petits, se privant souvent de nourriture. L'excès de bonne nourriture amène aussi la mort de cet oiseau.

L'*avalure* est commune chez le serin, il semble qu'il ait avalé ses intestins, qui occupent une position remontée. Cela provient d'une nourriture trop succulente. Il prend aussi un *chancre au bec*, une *extinction* de voix, surtout après la mue. On le dit *asthmatique* quand il pousse un petit cri fréquent.

La caille rend aussi de l'eau par le bec quand on lui donne des aliments aqueux. On l'en guérit par une nourriture sèche.

Enfin les oiseaux sont exposés encore à la cécité (1).

Ainsi, comme on le voit, les oiseaux sont sujets à bien des maux. J'ajoute même que nous n'en connaissons probablement pas la moitié.

(1) Voir mon article *Chardonneret*.

V. — OBSERVATIONS SUR LE RETOUR PÉRIODIQUE DE QUELQUES OISEAUX DE PASSAGE.

Si mes notes ont été prises en temps vrai, c'est-à-dire le jour même de la première apparition des oiseaux, dans nos localités, on voit qu'ils ne paraissent pas à des époques très-précices.

L'hirondelle, sur onze fois aurait paru neuf fois en avril, et deux fois en mars.

Le rossignol, sur neuf fois, est arrivé toujours en avril, mais il aurait varié du 8 au 20 du même mois.

Le coucou, sur sept fois, est venu toujours aussi en avril, du 1er au 11.

Malheureusement il y a, dans mes observations, des lacunes indiquées par des guillemets, sans cela je tirerai des conclusions plus précises. Malgré leur état incomplet, je pense que ces notes seront agréables aux gens de la science, et qu'elles porteront peut-être quelques amateurs à m'imiter. Je crois être le premier à tracer la route par le tableau suivant :

ANNÉES.	HIRONDELLES. *	ROSSIGNOL.	COUCOU.	OBSERVATIONS.
1839	13 avril.	20 avril.	» »	En 1851 la huppe, regardée par les gens de campagne comme le messager du rossignol, a paru le 1er avril.
1840	10 id.	20 id.	» »	
1841	20 id.	» »	9 avril.	
1842	1er et 5 id.	» »	» »	
1843	» »	» »	» »	
1844	15 id.	12 id.	1er id.	
1845	10 id.	23 id.	4 id.	
1846	» »	» »	» »	
1847	9 id.	18 id.	11 id.	* Hirondelles à quatre lieues de Bourg le 10 avril; au Hâvre, en 1850, le 6 avril; en 1851, après le 10 avril.
1848	20 mars.	20 id.	10 id.	
1849	22 avril.	22 id.	6 id.	
1850	3 id.	10 id.	» »	
1851	28 mars.	8 id.	3 id.	

VI. — LONGÉVITÉ DE QUELQUES OISEAUX.

Je n'ai pas pour but d'indiquer l'âge auquel chaque oiseau peut parvenir; aucun auteur, que je sache, ne fera jamais un travail complet sur ce point. Il lui faudrait avoir expérimenté par lui-même ou par autrui la vie de chaque oiseau; chose impossible. Oui, impossible; et déjà, malgré les progrès de la science et les nombreuses pierres apportées à l'édifice ornithologique, on connait très-peu de choses sur l'existence des oiseaux. Si chacun avait fait peu à peu ce que nous entreprenons aujourd'hui, on pourrait posséder un traité concluant sur leur longévité.

Deux chardonnerets, dans des cages différentes, ont vécu onze ans; une alouette à seize ans vivait encore; un moineau a quitté sa cage à vingt-six ans ; un merle en cage est âgé de douze ans.

Un perroquet cacatoës a vécu pendant vingt ans en cage. Un autre a encore soixante-et-quatorze ans ; mais on s'aperçoit que l'âge lui pèse, car il parlait le français et l'italien, qu'il a totalement oubliés. Cet oiseau se porte bien, cependant ; cette existence ainsi prolongée dans la captivité démontre qu'à l'état de liberté le perroquet vit très-long-temps : on dit qu'il va jusqu'à cent ans. Je rectifie ici une erreur de chiffre qui a passé à l'impression, p. 105, où ce même perroquet dont je parle est indiqué avoir cent cinquante ans ; c'est bien assez de soixante-et-dix. Cet oiseau est un perroquet vert femelle ; il déteste le sexe, et s'est toujours précipité sur lui avec fureur. Ce fait est intéressant à constater, ce n'est pas le premier.

Les corneilles, les corbeaux vivent cent ans ; c'est une chose très-remarquable !

Quel est le but de la Providence en dotant cet oiseau d'une aussi longue vie ? Nous savons qu'il rènd des services sanitaires, mais il nous les fournirait avec une existence beaucoup plus courte !...

Je borne là ce peu de mots sur la vie des oiseaux, regrettant de n'avoir rien trouvé dans les auteurs. Je n'ai pas eu le temps d'interroger des éleveurs. Il restera toujours un nombre infini de volatiles dont on ignorera long-temps la longévité. Ce n'est qu'avec lenteur que l'on parviendra à en apprécier l'étendue pour la plupart des oiseaux. Ceux élevés dans nos basses cours ne vivent pas âge d'oiseau, car on les sacrifie de bonne heure, dès qu'ils semblent inféconds.

TABLE.

www.ingramcontent.com/pod-product-compliance
Ingram Content Group UK Ltd.
Pitfield, Milton Keynes, MK11 3LW, UK
UKHW022021170726
13837UKWH00001B/332

9 782329 228808